GOLDMANN
Lesen erleben

Buch

Karriere ist kein Plattenbau, Karriere ist eine Pyramide. Wie aber kommt man als Erster oben an? Durch überragende Kompetenz? Durch unermüdlichen Einsatz? Nein, es sind andere unterschätzte Fähigkeiten, die im Berufsleben oft den kleinen Unterschied machen: der perfekte Händedruck, das richtige Lächeln, unterhaltsamer Smalltalk. Mit viel Humor erläutert Ross McCammon die unausgesprochenen Benimmregeln des Arbeitslebens. Ein Handbuch für Aufsteiger!

Autor

Ross McCammon ist seit 2005 Redakteur beim *Esquire Magazine* und leitet dort mittlerweile vier Ressorts. Er ist Kolumnist für verschiedene Magazine und wirkte bereits an einer Anthologie des Schriftstellers Dave Eggers mit. Er lebt mit seiner Frau und seinem Sohn im Bundesstaat New York.

ROSS McCAMMON

»Will noch jemand einen Wodka?«

So kommen Sie im Büro garantiert gut an

Aus dem Amerikanischen
von Tatjana Kruse

GOLDMANN

Dieses Buch ist auch als E-Book erhältlich.

MIX
Papier aus verantwortungsvollen Quellen
FSC® C014496

Verlagsgruppe Random House FSC® N001967

Kapitel 6, 7, 19, 20, 23, 24, 25, 39, 40, 41, 42 und Appendix 3 basieren auf Artikeln aus *Entrepreneur,* erschienen zwischen 2011 und 2014.

1. Auflage
Deutsche Erstausgabe Juli 2017
Wilhelm Goldmann Verlag, München,
in der Verlagsgruppe Random House GmbH
Copyright © 2016 der deutschsprachigen Ausgabe
Wilhelm Goldmann Verlag, München,
in der Verlagsgruppe Random House GmbH,
Neumarkter Straße 28, 81673 München
Copyright © 2015 der Originalausgabe Ross McCammon
Originaltitel: *Works Well with Others. An Outsider's Guide to Shaking Hands, Shutting Up, Handling Jerks, and Other Crucial Skills in Business That No One Ever Teaches You*
Originalverlag: Dutton, an imprint of Penguin Random House LLC, New York
Umschlag: Uno Werbeagentur, München
Umschlagmotiv: FinePic®, München
Redaktion: Vera Serafin
Satz: Uhl + Massopust, Aalen
Druck und Bindung: GGP Media GmbH, Pößneck
MZ · Herstellung: cb
Printed in Germany
ISBN 978-3-442-17573-4
www.goldmann-verlag.de

Besuchen Sie den Goldmann Verlag im Netz

Für Nina

Inhalt

Einführung:
Was machen Sie hier eigentlich?

Zu Beginn möchte ich ein paar Vermutungen über Sie anstellen. Sollte ich mit diesen danebenliegen, lesen Sie das Buch hoffentlich trotzdem. Außerdem entschuldige ich mich für diesen Fall jetzt schon dafür, Sie falsch eingeschätzt zu haben. Sollte ich jedoch richtigliegen, verfüge ich natürlich über übersinnliche Kräfte.

Übrigens sehen Sie großartig aus.

Kurzum, ich stelle Sie mir wie folgt vor: Sie sind klug. Sie sind talentiert. Sie sind ehrgeizig. Aber Sie spüren, es fehlt etwas. Sie sind der Konkurrenz keine Nasenlänge voraus. Sie haben nie mit jemandem geschlafen, der Ihnen bei Ihrer Karriere von Vorteil sein könnte. Sie kommen aus keinem erstklassigen »Stall«. Ihr Vater ist kein Vorstandsvorsitzender, und Sie können sich von daher nicht auf seine Protektion verlassen, wenn es für Sie nicht »vorangeht«. Sie »kennen« da oben leider »niemanden«.

Sie sind ein Außenseiter.

Aber Sie fühlen sich mit Ihrem Außenseiterstatus nicht

wohl. Bei Bewerbungsgesprächen sind Sie nicht »selbstsicher«. Sie wissen nicht, wie Sie »Präsentationen« oder »eine Rede« halten sollen. Bei »Geschäftsessen« sind Sie unsicher, was Sie bestellen sollen.

Sie halten meinen Gebrauch von Anführungszeichen für »irgendwie albern«.

Wissen Sie was? All diese Punkte treffen auch auf mich zu. Ich bin ziemlich klug, talentiert und in Maßen ehrgeizig. Als ich aber 2005 gänzlich unerwartet (und was meiner Meinung nach zudem an ein Wunder grenzte) einen Anruf der Zeitschrift *Esquire* erhielt, bei dem mir die Stelle eines Redakteurs angeboten wurde, hielt ich mich für katastrophal unterqualifiziert dafür. Ich arbeitete damals für die Firmenzeitung der Fluggesellschaft *Southwest Airlines* (dem *Esquire* der Fluggesellschaftsmagazine), hatte meinen Abschluss an der Universität von North Texas gemacht (dem Harvard der Universitäten im nördlichen Texas und südlichen Oklahoma) und kannte ein paar semi-wichtige Menschen, aber die lebten alle in Dallas (dem New York von ... ach, auch egal).

Ich war davon überzeugt, dass meine Herkunft zwangsläufig zu einem Scheitern in New York führen müsste. Weil ich einfach nicht der richtige Typ war. Außerdem hatte ich so einen tollen Job überhaupt nicht verdient. Ich war ein Hochstapler, und das würden spätestens nach vier Wochen ausnahmslos alle wissen. **(Wir merken uns: In weniger als vier Wochen findet man nichts über einen Menschen heraus, der eine neue Stelle angetreten hat. Nichts. Weil man nicht den wahren Menschen sieht. Man sieht eine**

Art Handlungsbevollmächtigten, der verwirrt auf die neumodischen Wasserhähne auf der Toilette starrt, bis jemand kommt, der weiß, wie sie funktionieren. Mehr ist da nicht.)

Der Begriff »Hochstapler-Phänomen« wurde 1978 an der Georgia State University von Pauline Chance und Suzanne Imes geprägt. Ursprünglich bezeichnete man damit weibliche Spitzenkräfte, auch wenn man später häufig – wenn nicht sogar meistens – Männer damit meinte. Das Hochstapler-Phänomen lässt sich auf drei Gefühlszustände herunterbrechen: dass man nicht so erfolgreich ist, wie andere Leute glauben; dass die eigenen Verdienste allein dem Glück zuzuschreiben sind; dass man zwar tatsächlich etwas erreicht hat, das aber in Wirklichkeit gar nicht so beeindruckend ist.

Seit damals haben Psychologen über die möglichen Ursachen dieses »Hochstaplersyndroms« geforscht und diskutiert. Ist es ein angeborener Charakterzug oder eine erworbene Einstellung? Ist es »situationsbedingt«, oder wurzelt dieser Zug in unserer Erziehung? Tritt er bei besonders ängstlichen Personen auf? Oder wird er von Depressionen verursacht? Besitzen Menschen, die sich als Betrüger bezeichnen, in Wirklichkeit mehr Selbstvertrauen, als sie – bewusst oder unbewusst – nach außen hin zeigen, um besonders bescheiden zu wirken beziehungsweise um die Erwartungshaltung anderer zu senken?

In diesem Buch geht es jedoch nicht darum, warum sich manche Menschen wie Hochstapler fühlen, sondern darum, dass sie es überhaupt tun.

Und es gibt viele, die sich für Hochstapler halten.

Beispielsweise Sonia Sotomayor, Richterin am Obersten Gerichtshof der USA: »In meinem ersten Monat als Richterin hatte ich entsetzliche Angst. …Ich konnte einfach nicht glauben, dass mein Traum wahr geworden war, und ich kam mir wie eine Hochstaplerin vor, als ich mich meinem Schicksal so tollkühn stellte.«

Oder Kate Winslet: »Manchmal wache ich während eines Filmdrehs morgens auf und denke: ›Ich kann das nicht durchziehen, ich bin eine Hochstaplerin.‹«

Oder Chuck Lorre, der Schöpfer/Drehbuchautor/Produzent von *The Big Bang Theory* und *Two and a Half Men*: »Wenn man den Proben eines Stücks beiwohnt, das man selbst geschrieben hat, und es läuft echt schlecht, dann denkt man natürlich: ›Ich bin schlecht. Ich bin ein Hochstapler. Ich muss hier schleunigst weg, am besten tauche ich ganz unter.‹«

Oder Alexis Ohanian, Mitbegründerin des Social-News-Aggregators *Reddit*: »Ich habe keine Ahnung, was ich tue, und das ist großartig.«

Oder die amerikanische Autorin und Schauspielerin Tina Fey: »Wenn die Egomanie kommt, muss man auf ihr wie auf einer Welle reiten und sie genießen und über die Empfindung der Hochstapelei einfach hinwegsurfen.«

Sogar eine bekannte Persönlichkeit wie Meryl Streep gesteht: »Man denkt, ›warum sollte mich irgendwer in einem Film sehen wollen? Und außerdem kann ich gar nicht schauspielern, warum mache ich das also überhaupt?‹«

Als ich nach New York kam, fühlte ich mich meinen

Kollegen nicht ebenbürtig. Ich war nicht richtig gekleidet. Ich kannte niemanden von Rang und Namen. Ich wusste nicht, wie man sich bei einem Geschäftsessen verhält. Ich wusste nicht einmal, wie man einen Drink in einer Bar bestellt. (An dieser Stelle fragen Sie sich womöglich, ob ich überhaupt wusste, wie man sich die Schnürsenkel bindet und wie man eine Gabel hält. Bitte noch einen Moment Geduld.) Ich hatte keine Ahnung, wie die Arbeit für ein so großes Magazin aussieht oder wie man in einer Metropole wie New York lebt.

Aber nach ein paar Monaten beim *Esquire* und in New York dämmerte es mir: Alle um mich herum waren ebenfalls Hochstapler. Wir alle kennen das Gefühl der Unsicherheit. Und ich bin zutiefst davon überzeugt, dass erfolgreiche Menschen gerade *wegen*, nicht trotz ihrer Unsicherheit so erfolgreich sind. Die Stelle auf einem Mengendiagramm, an der sich Unbeholfenheit und Ehrgeiz überlappen, birgt eine enorme Energie, aus der Unsicherheit entsteht, in sich.

Extrem wichtig zu merken: Gleichgültig, wie berühmt oder wichtig jemand ist, in Wirklichkeit sind alle einfach unbeholfen und wirklich nervös. Vor allem die Leute, denen man all ihre Unbeholfenheit und Nervosität nicht ansieht.

Ich erkannte, dass sich erfolgreiche und erfolglose Menschen nicht nur dadurch unterscheiden, dass die einen mehr Talent haben als die anderen oder besser vorgehen. Die Menschen, die ich im Laufe der Zeit am meisten zu respektieren gelernt habe, sind keine größeren Geister oder härteren Arbeiter als ich (obwohl sie talentiert und fleißig waren, und das nicht zu knapp). Sie waren bloß einfach geschickter darin, besser zu *scheinen*. Sie taten so, als gehörten sie dazu. Sie beanspruchten den Erfolg für sich, indem sie voller Zuversicht auf seiner Klaviatur spielten.

Je mehr interessante Leute ich im Rahmen meiner Arbeit traf (von Redakteuren bis hin zu berühmten Schauspielern und Musikern), desto klarer wurde mir, dass die meisten der sogenannten Erfolgsregeln nicht funktionieren. Man muss sich nicht »verkaufen«. Man muss nicht »netzwerken«. Und es gibt keine feste Kleiderordnung (obwohl es Vorteile hat, wenn man sich diesbezüglich an bestimmte Richtlinien hält). Man muss nur begreifen, warum den Leuten all diese Regeln wichtig sind. Und man muss sich adäquat verhalten, auch wenn man keine Ahnung hat, was gerade gespielt wird – im Konferenzzimmer, beim Geschäftsessen oder in der Bar nach der Arbeit.

Ich habe darüber hinaus begriffen, dass es nicht so wichtig ist, ob man bestimmte Gepflogenheiten kennt oder nicht oder bestimmte Fertigkeiten besitzt oder nicht. Wichtig ist vielmehr, dass man sich nicht von seinen Unzulänglichkeiten beherrschen lässt.

In diesem Buch geht es um Erfolg, allerdings betrachte ich Erfolg aus einem anderen Blickwinkel. Ich werde keine »Philosophie« vorstellen. Das hier ist ein Selbsthilfebuch für Menschen, die keine Selbsthilfebücher mögen. Ich befasse mich nicht damit, wie man an einen Job kommt, sondern damit, wie man sich im Bewerbungsgespräch präsentiert. Ich zeige Ihnen nicht, wie Sie die Angst, vor Publikum reden zu müssen, überwinden können, sondern wie Sie sich auf einem Podium verhalten sollten. Um eine Binsenweisheit aus dem militärischen Bereich zu verwenden: In diesem Buch geht es um Strategie, nicht um Taktik. Es geht nicht um das »Was«, sondern um das »Wie und Wer«.

Dieses Buch handelt von den scheinbar kleinen Dingen, die aus drei Gründen wichtig sind: Kleine Dinge können zu lähmenden Ängsten führen, sobald man glaubt, man könne nichts gegen sie tun. (Diese Art von Ängsten ist im Übrigen völlig unnötig.) Kleine Dinge stehen symbolisch für Größe, sie signalisieren anderen, dass Sie es ernst meinen. Kleine Dinge sind der Code für Integrität, Hingabe und Rücksichtnahme. Die kleinen Dinge sind von gewaltiger, praktischer Bedeutung – sie sind es, weshalb sich andere Menschen in Ihrer Gesellschaft wohlfühlen; sie sorgen dafür, dass Sie binnen Sekunden einen guten Eindruck hinterlassen, und machen Fehler wett.

Mein ganzes Berufsleben lang war ich davon besessen, wie die kleinen Dinge – von einer amüsanten Formulierung gleich zu Anfang eines Artikels bis hin zu einem Handschlag zu Beginn eines Meetings – häufig nachhaltiger in Erinnerung bleiben als alles andere und zu etwas Großem führen können. Und Wichtigem. Und Lukrativem.

Das Gefühl der Hochstapelei ist nichts, was wir überwinden müssen. Sie müssen sich daraus nicht heraustäuschen. Mit »so tun als ob« schafft man es nicht nach oben. Nein, Sie müssen sich Ihre Ängste zunutze machen. Freunden Sie sich mit Ihrem Außenseiterstatus an. Begrüßen Sie Ihre Fehler. Erfolg hat man, wenn man Mensch ist, keine

Drohne. Aber um Mensch zu sein, müssen Sie die kleinen Gepflogenheiten des Berufslebens ins Kalkül ziehen – selbst wenn Sie am Ende zu dem Schluss kommen, dass sie für Sie nicht geeignet sind.

Es ist durchaus möglich, kleine, jedoch bedeutsame Augenblicke zu nutzen, um sich wohlzufühlen, selbst wenn Sie insgeheim denken, dass Sie gar nicht hierher gehören.

Denn natürlich gehören Sie hierher!

Vorweg eine kleine Geschichte

Nach dem Mittagessen kehrte ich zurück an meinen Schreibtisch im ersten Stock des nordöstlichen Flügels eines großen Bürogebäudes mitten in einem gesichtslosen Industrieviertel einer Kleinstadt zwischen Dallas und Fort Worth. Ich war der junge Chefredakteur von *Spirit*, der Firmenzeitung der *Southwest Airlines*. Mein Mittagessen hatte aus der Nummer eins auf der Speisekarte der Imbisskette *Chick-fil-A* bestanden, und ich hatte es in meinem Wagen auf der Rückfahrt zum Büro zu mir genommen. Irgendwie fühlte ich mich unzufrieden – sowohl mit meinem Hühnersandwich als auch mit meinem Job bei einer Fluggesellschaftsfirmenzeitung in einer Kleinstadt vor den Toren von Dallas.

Auf meiner Tastatur lag ein Zettel mit dem Namen eines Mannes, den ich nicht kannte, dazu der Name einer Mediengesellschaft, die ich durchaus kannte, und eine New Yorker Telefonnummer.

Ich fand das merkwürdig, denn bei der Mediengruppe handelte es sich um *Hearst* – eine große Nummer in der Branche, mit Sitz in New York. Zu *Hearst* gehörten *Cos-*

mopolitan, Marie Claire, Good Housekeeping, Popular Mechanics, Esquire und jede Menge andere »wichtige« Illustrierte.

Also rief ich den Mann an.

»Ich leite die Mitarbeitersuche für die *Hearst*-Gruppe und suche Kandidaten für eine offene Stelle als Redakteur. Ich würde mich gerne mit Ihnen unterhalten«, sagte er.

Das kam mir merkwürdig vor. Zugegeben, ich hatte einen ziemlich guten Job. Von den neun oder zehn Fluggesellschaftsfirmenzeitungen in den Vereinigten Staaten gehörte meine zweifellos zu den, äh, oberen sieben. Für einen Dreißigjährigen war ich, ganz objektiv betrachtet, erfolgreich. Doch als Medienschaffender war ich nur ein kleines Licht. Der *Esquire* war gewissermaßen das Broadway-Musical, *Spirit* war im Vergleich dazu eine Schulaufführung.

Darum kam es mir seltsam vor, dass mich ein leitender Personalchef sprechen wollte. Wie sich herausstellte, war er am Wochenende zuvor mit der *Southwest Airlines* von Philadelphia nach Pittsburgh geflogen, hatte die Firmenzeitung aus der Rückenlehnentasche gezogen, sie tatsächlich gelesen und sie für gar nicht so schlecht befunden.

Mein erster Gedanke war: »Das könnte was Großes werden.« Mein zweiter Gedanke war: »Vermutlich liegt eine Verwechslung vor.« Mein dritter Gedanke war: »Es handelt sich definitiv um eine Verwechslung.«

So etwas läuft bei mir ab, wenn der Duft einer guten Gelegenheit in meine Richtung zieht. Er löst eine Kombination aus Glücksgefühlen und Ekel aus. (Outkast sang einmal: »Liebt nicht jeder den Geruch von Benzin?« So geht es mir, wenn sich mir eine Chance bietet – ich finde es gleichzeitig angenehm und abstoßend.) Das beschreibt meinen Zustand während der gesamten Dauer des Telefonats. Im Laufe von ungefähr fünfzehn Minuten befragte mich der Personalchef dezidiert zu meiner Karriere und meinem Magazin. Er selbst gab sich angemessen kryptisch. Aufgrund der vorherrschenden Diskretion, die ein Personalsucher für seine Arbeit braucht (und der Anti-Diskriminierungs-Gesetze, die bestimmte Fragen bei Einstellungsgesprächen verbieten), laufen alle Vorauswahlgespräche auf diese Weise ab.

Nach ungefähr zwanzig Minuten einseitiger Gesprächsführung konnte ich dem Personalchef endlich auch eine Frage stellen.

»Worum geht es hier eigentlich?«

Wenn man den Gedankengang in meinem Kopf an jenem Tag nachverfolgen könnte, würde man eine Zeitspanne von einem Sekundenbruchteil entdecken, in dem ich fünfundvierzig Mal dachte: »Bitte sag *Esquire*.«

»Beim *Esquire* wird eine Stelle frei«, sagte er.

Weil ich krankhaft unfähig bin, eine offensichtlich positive berufliche Entwicklung von Herzen zu begrüßen – was vermutlich auf einen genetischen Abwehrmechanismus zurückzuführen ist, den ich von einer langen Reihe von einfachen, ärmlichen, häufig vom Leben enttäuschten Vorfahren aus Texas und Kentucky geerbt habe –, kam mir sofort der Gedanke, bei dieser Sache müsse es sich um einen Schwindel handeln. Unwillkürlich wappnete ich mich. Aus dem Duft einer guten Gelegenheit wurde ein übler Gestank. Ich tippte »Magazin Stellenbetrug« in die Google-Suchmaschine. Diese Situation erinnerte mich doch allzu sehr an den Film *Die Glücksritter*. Der Typ am anderen Ende der Leitung war natürlich Don Ameche, der Chefredakteur war Ralph Bellamy, und ich war Eddie Murphy auf einem Möbelroller, der so tat, als habe er keine Beine mehr, um auf diese Weise Geld zu erbetteln. Ich fragte mich, ob ich »ge-punk'd« worden war (um einen Ausdruck zu verwenden, für den ich zu alt bin und der es so wirken lässt, als hätte ich die von Ashton Kutcher moderierte Sendung *Punk'd* auf MTV geschaut, was ich nicht getan habe).

Ich erinnere mich, dass ich fernab des Hörers »diese lausigen Hunde« murmelte. (Es ist aber sehr wahrscheinlich, dass ich »diese lausigen Hunde« nicht fernab des Hörers murmelte.)

In dem Moment, als er »*Esquire*« sagte, fiel mir wieder die Frage ein, die er im Verlauf des Gesprächs gestellt hatte: »Wenn Sie für ein Magazin Ihrer Wahl von *Hearst* arbeiten könnten, welches wäre das dann?« (Das ist eine typische Personalcheffrage – mit der Antwort qualifiziert oder disqualifiziert man sich notgedrungen.) Ich hatte »*Esquire*« geantwortet, und zwar in demselben Tonfall, in dem Oliver Twist »Bitte, Herr, ich möchte noch etwas mehr« sagt.

Also reagierte ich auf seine Antwort mit tiefer Skepsis.

»Echt jetzt?«

»Könnten Sie nächsten Montag nach New York kommen?«, wollte er wissen.

Esquire war seit Jahren mein Lieblingsmagazin. Ich hatte mein eigenes Magazin *Spirit* nach dem Vorbild von *Esquire* entworfen. Dort zu arbeiten war ein Traum, den zu träumen ich mir nie erlaubt hatte. »Das wird in die Hose gehen«, dachte ich. »Wenn der Chefredakteur mich nicht schon ablehnt, nachdem er meinen Lebenslauf gelesen hat und sieht, dass ich an einer Schule war, in deren Namen eine Himmelsrichtung vorkommt, dann werde ich das Bewerbungsgespräch in den Sand setzen, und zwar gewaltig. Ich werde Kaffee über den stellvertretenden Chefredakteur schütten, ich werde morgens vergessen, Socken zum Gespräch anzuziehen (Jahre später stellte ich dann fest, dass ohne Socken herumzulaufen unter Modemenschen sogar als Tugend gilt), ich werde *Esquire* falsch aussprechen – mit Betonung auf der zweiten Silbe, wie es Javier Bardem tun würde –, ich werde aus mir unerfindlichen Gründen auf eine Zimmerpflanze urinieren.

Oder schlimmer noch, ich werde die Namen aller vergessen, werde zu laut reden und das Händeschütteln vergeigen.

Diese Form des automatischen Durchdrehens ist ganz typisch für mich. Ich fühle mich nie »der Aufgabe gewachsen«, ich stehe immer auf dem Kriegsfuß mit »der Aufgabe«, und mich quält stets das Gefühl, die Aufgabe würde mich verhöhnen, als wolle sie mich daran erinnern, dass ich in einer Gegend von Dallas aufgewachsen bin, die als Armeleuteviertel galt, dass ich als Kind viel mit anderen Sport getrieben, aber nie organisiert an Wettbewerben teilgenommen habe, dass ich schlechte Noten in der Schule hatte, dass ich in der siebten Klasse jeden Tag von einem Jungen, dessen Namen ich nicht kannte und der auch nie ein Wort mit mir wechselte, buchstäblich in den Hintern getreten wurde. Dass mich meine Mutter – die mich seit meinem dritten Lebensmonat als Alleinerziehende aufzog – von der als gefährlich eingestuften öffentlichen Schule nahm, wo ein taubstummer Junge ihrem Sohn jeden Tag ungestraft in den Hintern treten konnte, und mich in eine winzige, bibeltreue Privatschule steckte, aus dem einfachen Grund, weil die Schule ganz in der Nähe unserer Wohnung lag. Dass meine Lehrer dort ständig »für mich beteten«, weil ich offenbar »Jesus nicht als meinen persönlichen Herrn und Heiland« akzeptieren wollte, dass meine Abschlussklasse aus acht Leuten bestand – acht! –, dass ich trotz meiner unterirdisch schlechten Noten die Abschlussrede halten durfte – die Abschlussrede! –, ich jedoch nur »Ersatz«-Abschlussredner war, weil der Junge, der sich das eigentlich verdient hatte, kurz vor dem Abschluss wegen unstatthaften Benehmens von der Schule geflogen war. Dass ich die University of North Texas besucht hatte, nicht die University of Texas, dass ich für eine Firmenzeitung arbeitete, nicht für ein Magazin, das an jedem Kiosk auslag, dass ich trotz meines von Geburt an privilegierten Status als weißer Mann immer das Gefühl hatte, ich sei die zweite oder dritte Wahl, nie die erste. Nie. Der Personalchef, der die große Bühne repräsentierte, sprach mit jemandem, der nie auf den Brettern gestanden hatte, die die große Welt bedeuten. Ich war nie Teil von etwas Imposantem gewesen, ich war immer Teil des Restes. Eine Herausforderung wie die, am kommenden Montag nach New York zu fliegen, unterstrich nur meinen Zweite-Klasse-Statuts.

Zum Glück für meine Karriere reagiere ich auf eine Herausforderung jedoch mit Kampf, nicht mit Flucht.

Trotz der fast hundertprozentigen Sicherheit eines Versagens auf dem Gebiet der Etikette – und das bei einem Magazin, das eine Autorität auf dem Gebiet der Etikette ist! – gab ich ihm die einzige Antwort, die ich geben konnte, die Antwort, die jeder von uns geben muss, wenn sich uns eine gute Gelegenheit bietet, die uns höhnisch dazu herausfordert, sich ihr gewachsen zu zeigen und erfolgreicher zu werden – ich sagte: »Soll das ein Witz sein?«

Offenbar gab ich ihm dann schließlich doch eine Zusage, denn schon eine Woche später lehnte ich an der Mauer des Merchant Gate in der südwestlichen Ecke des Central Parks, gegenüber des Columbus Circle, einen Häuserblock entfernt von den Büroräumen des Magazins. Es war ein herrlicher Montagmorgen im Mai. Ich ging noch einmal die zehn handschriftlichen Seiten mit Antworten auf mögliche Fragen durch, die ich in der Nacht zuvor aufgelistet hatte, und fühlte mich wie eine Figur in einem der weniger guten Nora-Ephron-Filme.

Es war noch sehr früh. Ich trug meine besten Schuhe und eine Krawatte. Ich war …

Moment mal. Ich trug kein Jackett.

Ich hätte ein Jackett tragen sollen.

Warum trug ich kein Jackett?

Sollten Sie dieses Buch überhaupt lesen?

Kreuzen Sie die zutreffenden Antworten an, und zählen Sie dann die Punkte zusammen. Finden Sie so heraus, ob Sie am Ball bleiben sollten.

Wie kann man Ihre Lektüre des ersten Kapitels am besten beschreiben?

Ich habe es verschlungen.	1
Ich habe es nur durchgeblättert.	4
Ich habe das Buch als Ersatz-Regenschirm zweckentfremdet.	2

Wenn Sie einen Raum betreten, welche Gangart bevorzugen Sie?

Ich stolziere.	0
Ich schlendere lässig.	3
Ich husche verstohlen.	5

Haben Sie an einer Elite-Universität studiert?

Ja. -8

Nein. 2

Können Sie auf die folgenden Fragen eine Antwort geben? Kreuzen Sie alles Zutreffende an.

Durchstarten zum Traumjob – ultimativ oder nicht? -4

Die Mäuse-Strategie – ja oder nein -4

Der Wille zum Erfolg – lean in oder lean out? -4

Welche der folgenden Plattitüden haben Sie vor lauter Angst tatsächlich einmal im beruflichen Umfeld von sich gegeben, anstatt einfach nur »Danke« zu sagen?

»Gern geschehen!« 2

»Nichts zu danken!« 4

»Für Sie doch immer!« 6

Was tun Sie bei der Arbeit regelmäßig?

Nägel kauen 3

Weinen 4

Weinen, während Sie an den Nägeln kauen 10

Gratulation, Sie haben den Job!

»Ich wusste es!« -7

»Oh, Mist.« 5

Schnell: Zeichnen Sie ein Boot, das Sie auf Ihrer
beruflichen Reise darstellt.

Was für eine Art Boot haben Sie gezeichnet?

Jacht	0
Kreuzfahrtschiff	-10
Ruderboot	4
Eins von diesen Schlauchbooten, aus dem andauernd Luft entweicht	7
Ein Boot zeichnen? Inwiefern soll mir das denn bitte schön helfen?	-30

Welches berufliche Hilfsmittel ist am nützlichsten?

Ehrgeiz `-5`

Konkurrenzfähigkeit `-6`

Blickkontakt `4`

Heftklammerentferner `0`

Ersatz-Heftklammerentferner `0`

Wie kann man Ihren Gesichtsausdruck momentan am zutreffendsten beschreiben?

Lächeln `0`

Aufgesetztes Grinsen `-3`

Stirnrunzeln `10`

Affektierte Gleichgültigkeit oder
gleichgültige Affektiertheit `5`

Waren Sie schon affektiert, bevor Sie die vorige Frage gelesen haben?

Woher wissen Sie das? `15`

Nein! `0`

Gehen wir es an!

Ja, genau! `35`

Finde ich nicht lustig. `0`

Und jetzt? Gehen wir's an?

Na gut, versuchsweise `10`

Auflösung

Weniger als null Punkte: Es besteht für Sie absolut keine Veranlassung, dieses Buch noch weiterzulesen. Aber wie wäre es mit Ihrem Neffen? Für den wurde es doch förmlich geschrieben.

Ein bis zwanzig Punkte: Sie sollten das Buch diagonal querlesen.

Über zwanzig Punkte: Sie haben das Quiz übersprungen und lesen derzeit bereits das nächste Kapitel.

Wie man ein Bewerbungsgespräch angeht

Ich habe nicht die leiseste Ahnung, warum ich für mein Bewerbungsgespräch beim *Esquire* kein Jackett angezogen hatte. Heutzutage kann ich mir nicht mehr vorstellen, ohne Jackett das Haus zu verlassen. Eine Anzugjacke oder ein Sakko ist eine Schutzhülle, eine Organisationshilfe und ein Sichtschutz für zerknitterte Hemden. Und natürlich ist es genau das richtige Outfit für ein Bewerbungsgespräch beim *Esquire* oder jedes andere Vorstellungsgespräch, das in überdachten Räumen mit Kaffeeküche stattfindet und an dem Menschen teilnehmen, die seinerzeit zu *ihrem* Bewerbungsgespräch ganz sicher ein Jackett trugen.

Ich arbeitete damals in einem Bürogebäude in Texas. Niemand trug einen Anzug oder auch nur ein Sakko. Man kam in Hemd und Jeans zur Arbeit. An guten Tagen steckte das Hemd in der Hose. Bestenfalls.

Dass ich eine wandelnde Modesünde auf zwei Beinen war, dämmerte mir, als ich mich ins Besucherregister an der Empfangstheke eintrug.

Meine Sorge wuchs noch, während ich mit dem knarzenden Aufzug in den dreizehnten Stock fuhr. (Dreizehn!)

Aus Sorge wurde nackte Angst, als ich aus dem Aufzug trat und mich einem gerahmten Poster der Juni-Ausgabe des *Esquire* aus dem Jahr 2005 gegenübersah, mit Ewan McGregor auf dem Cover. Er schien mich in Grund und Boden zu starren.

Und dann – ich schwöre bei Gott, das ist die Wahrheit – schüttelte McGregor mitleidig den Kopf.

Gleich darauf – ehrlich, großes Pfadfinder-Ehrenwort – verwandelte sich eine der Cover-Schlagzeilen in den Satz: »Dieses Landei trägt kein Jackett zum Bewerbungsgespräch. Na, da sind wir aber mal gespannt!«

Das war der Moment, in dem ich ins Personalbüro gebeten wurde.

Die ersten beiden Bewerbungsgespräche führte ich mit der Nummer zwei beziehungsweise drei des Magazins: dem stellvertretenden Chefredakteur und dem Redaktionsleiter. Es waren zwei der besten Gespräche, die ich je hatte. Die Energie war genau richtig. Die Chemie zwischen uns war gut. Ich redete, und sie hörten zu. Sie redeten, und ich hörte zu. Sie schienen völlig normal. Sie strahlten weder Elitedenken noch Geringschätzung aus. Sie waren warmherzig und interessiert. Sie waren umgänglich.

Meine Befürchtungen hinsichtlich meines Outfits schmolzen dahin. Ich konzentrierte mich auf die Gesprächsinhalte.

Mir wurde klar, dass sie meine Persönlichkeit abchecken

wollten. Es gab jede Menge Smalltalk, viele Stichworte, nicht viele Fragen.

Sie arbeiten also für die Firmenzeitung einer Fluggesellschaft?

Leben Sie gern in Texas?

Haben Sie eine Aversion gegen Jacketts? (Diese Frage stellten sie nicht.)

Plötzlich erwachte Begeisterung in mir. Und ich legte etwas an den Tag, was man bei einem Bewerbungsgespräch tunlichst vermeiden sollte: Ehrlichkeit. Und Authentizität.

Ich war entspannt.

Nach dem zweiten Gespräch in den Redaktionsräumen begab ich mich zu einem griechischen Restaurant in der Nähe, um dort mit dem Personalchef, der mich eine Woche zuvor angerufen hatte, zu Mittag zu essen. An das Essen erinnere ich mich gut, hauptsächlich weil es mir gelang, vier Gerichte zu bestellen, in deren Namen *phyllo* vorkam.

»Sind Sie ein großer Fan von Blätterteig?«, erkundigte sich der Personalchef.

»Und wie!«, erklärte ich.

Überraschung!

Auf dem Rückweg sagte er zu mir: »Verrenken Sie sich nicht den Hals, wenn Sie zu all den Wolkenkratzern aufschauen.«

Der hält mich für einen Hinterwäldler, dachte ich. Dann sah ich mich um und sagte zu mir: »Das sind wirklich ein paar erstaunlich hohe Hochhäuser.«

An das nachfolgende Gespräch mit dem Herausgeber des Magazins kann ich mich nicht mehr erinnern. Ich weiß noch, wie nett ich es fand, dass er sich zu mir vor seinen Schreibtisch auf den zweiten Besucherstuhl setzte und die Unterhaltung quasi auf Augenhöhe führte. Er wollte wissen, was ich zuletzt gelesen hatte. Ich erinnere mich, dass ich darauf mit *Der Tipping Point – Wie kleine Dinge Großes bewirken können* antwortete, obwohl ich gerade mal zu einem Drittel durch war. »Ich bin aber erst zu einem Drittel durch«, sagte ich und fand, dass ich wie ein Idiot klang. Er fragte mich, ob ich gern fernsah. »Ja«, erwiderte ich.

Brillant.

Wenn ich heute zurückdenke, fallen mir nur Nebensächlichkeiten ein. Anfangs war das Gespräch holprig, dann wurde es angenehmer. Als ob wir einfach nur zusammen abhingen und uns unterhielten. Es ging zwar auch um Substanzielles, aber insgesamt war es einfach eine nette Unterhaltung. Dass ich mich für die Stelle nicht qualifiziert genug fand und mich den gesellschaftlichen Anforderungen nicht gewachsen sah, dass ich kein Jackett trug… all das verblasste.

Ich gewann den Eindruck, auch in Bermudashorts willkommen gewesen zu sein. Wenn ich der war, den er suchte, dann war ich der, den er suchte.

Am Ende fühlte ich mich so wohl, dass ich sagte: »Hören Sie, selbst wenn Sie mich jetzt sofort aus Ihrem Büro werfen, dann war es trotzdem das Beste, was mir je passiert ist.«

(Ich kann Ihnen – zehn Jahre später und nach zahlreichen weiteren Bewerbungsgesprächen, die ich geführt habe beziehungsweise die mit mir geführt wurden – versichern, dass das genau das ist, was Sie sagen sollten. Es enthält alles, was ein künftiger Chef hören möchte: Bescheidenheit, Freimütigkeit, Begeisterung und Dankbarkeit.)

Als ich ging, war ich in Hochstimmung. Nicht, weil ich glaubte, den Job in der Tasche zu haben, sondern weil ich eine großartige Geschichte zu erzählen hatte, wenn ich nach Hause kam. Und weil ich mich ein paar Stunden lang in den Büroräumen meines Lieblingsmagazins hatte aufhalten dürfen. Ich rechnete es mir als Ehre an, überhaupt in Betracht gezogen worden zu sein. Ich war dankbar für diese Erfahrung. Und ich war erleichtert, dass etwas so Oberflächliches wie meine Kleidung offensichtlich nicht ausschlaggebend war.

Ich kehrte zu meinem Hotel in der Siebenundvierzigsten Straße zurück, um mein Gepäck abzuholen. Mir blieb noch etwas Zeit, bis mein Flugzeug startete. Ich nahm an, dass ich in ungefähr einer Woche vom *Esquire* hören würde. Oder auch nie wieder.

Keine fünfundvierzig Minuten später klingelte mein Handy.

212-...

Eine New Yorker Nummer.

649-...

Ein Anschluss des *Esquire*.

Ich nahm das Gespräch an, erwartete, dass jemand sagen würde, sie hätten eigentlich einen aufstrebenden, jungen Redakteur namens Reese McDrummong einladen wollen und die ganze Sache sei ein Missverständnis gewesen.

Am anderen Ende war der Chefredakteur.

»Ich möchte, dass Sie für den *Esquire* arbeiten«, sagte er.

Zählen Sie jetzt bitte bis fünf, bevor Sie den nächsten Satz lesen.

…

So lange dauerte mein Schweigen, als mir der Job angeboten wurde. Das ist eine ziemlich lange Zeit, um nichts zu sagen. Ich litt unter einem temporären Locked-in-Syndrom, ähnlich der Lähmung, die man direkt vor einem Bungee-Sprung erlebt, oder wie die Pause vor dem ersten Karaokesong des Abends, wenn man noch nüchtern genug ist, um zu wissen, wie sehr man gleich *How Deep Is Your Love* von den Bee Gees schänden wird (mit geschlossenen Augen gesungen, beide Hände am Mikro, wie ich das immer mache). Es war eine Art Minischlaganfall.

Die Stille wurde von einem »Das überrascht mich jetzt« beendet (zumindest glaube ich, dass ich das sagte).

»Denken Sie darüber nach. Rufen Sie mich zurück.«

Das Nächste, an das ich mich erinnere, ist, wie ich am Flughafen meine Mutter anrief und versuchte, dabei nicht in Tränen auszubrechen.

Manche Flüge von LaGuardia überfliegen ganz Manhattan, als hätte der Pilot es so entschieden: »Ist mir doch egal, was der Tower sagt, Johnson, wir nehmen heute die Aussichtsroute!« Fast schon schicksalhaft gehörte der Rückflug nach Dallas zu diesen Ausnahmen. Der Augenblick war unglaublich ergreifend: Aus irgendeinem Grund hatte ich ein Upgrade für die Erste Klasse bekommen, weshalb man mir vor dem Abflug bereits zwei kostenlose Drinks serviert hatte. Dazu ein Sonnenuntergang, der einem Western der fünfziger Jahre entsprungen zu sein schien, ein Kerl neben mir, der ununterbrochen redete, sodass ich mich nicht darauf konzentrieren konnte, wie bewegend das alles war, und ein Stellenangebot, das mir erlauben würde, in New York zu leben, das ich in all seiner Pracht aus dem Fenster bewundern konnte.

Was für eine erstaunliche und höchst überraschende Aussicht.

Die klassischen Bewerbungsgesprächsregeln – und eine extra

Trotz der Existenz des Buches, das Sie gerade lesen, bin ich äußerst skeptisch, was genaue Karriereratschläge angeht. Enge Vorgaben in gesellschaftlichen Dingen machen uns bisweilen zu Robotern, wir erscheinen dann alle gleich. Authentizität und Freimütigkeit sind jedoch entscheidende Tugenden am Arbeitsplatz – und werden bei Bewerbungsgesprächen gern unterschätzt. Rückblickend bin ich froh, dass ich während meines Bewerbungsgesprächs ganz ich selbst war. Aber Verhaltenstipps sind natürlich wichtig, und sei es auch nur, um die eigenen Ängste zu lindern.

Es folgen nun die klassischen Regeln, die die meisten Quellen bei Bewerbungsgesprächen für ausschlaggebend halten:

1. Recherchieren Sie den Arbeitgeber. Finden Sie heraus, was dort bislang erreicht wurde und worauf die Firmenpolitik abzielt.

2. Üben Sie Ihre Antworten ein.

3. Nehmen Sie zusätzliche Kopien Ihres Lebenslaufs mit, ebenso Referenzen, Arbeitsproben, einen Stift und ein Notizbuch.

4. Legen Sie sich eine Antwort auf die Bitte »Erzählen Sie uns von sich« bereit.

5. Legen Sie sich eine Antwort auf die Frage »Was ist Ihre größte Schwäche?« zurecht, die nie aus »Ich bemühe mich immer zu sehr« oder irgendeiner anderen bescheidenen Prahlerei bestehen sollte. (Konzentrieren Sie sich auf Fertigkeiten, die noch verbessert werden können, an denen Sie aber bereits arbeiten.)

6. Beantworten Sie Fragen stets mit konkreten Beispielen.

7. Zeigen Sie, dass Sie der oder die Richtige für den Job sind. Führen Sie aus, inwiefern Ihre Erfahrungen zu der Stellenbeschreibung passen.

8. Formulieren Sie eigene Fragen.

9. Sprechen Sie nicht über Geld.

10. Bedanken Sie sich nach dem Gespräch. Ein handschriftlicher Brief ist besser als eine E-Mail.

Das sind alles sehr gute Ratschläge, aber die Sache ist die, dass Bewerbungsgesprächsexperten nur selten das Thema »Täuschung« anschneiden. Geben Sie nie vor, jemand zu sein, der Sie nicht sind. Es geht nicht darum, um jeden Preis eine bestimmte Stelle zu kriegen. Es geht darum, der geeignetste Bewerber für die Stelle zu sein. Die größten Flops, die ich bei anderen beobachtet habe, sind dadurch entstanden, dass sich jemand während seines Bewerbungsgesprächs vollkommen anders verhielt als später bei der Arbeit. Fertigkeiten können Sie sich aneignen. Ihre Persönlichkeit haben Sie für immer am Hals. Ebenso wie Ihre Kollegen und Ihren Chef.

Und denken Sie darüber nach, ob Sie nicht zum Ende des Bewerbungsgesprächs sagen wollen: »Wenn Sie mich jetzt sofort aus Ihrem Büro werfen, dann war es trotzdem das Beste, was mir je passiert ist.«

Es funktioniert. Solange Sie selbst daran glauben.

Wie man mit einem Headhunter spricht

Ich empfand Gespräche mit einem Headhunter schon immer als wesentlich nervenaufreibender als solche mit einem künftigen Arbeitgeber. Erstens, weil Headhunter immerzu Fragen stellen, die man nicht mit Nein beantworten kann. (»Sind Sie daran interessiert, die nächste Stufe auf Ihrer Karriereleiter zu erklimmen?«) Zweitens, weil sie sehr schnell persönliche Fragen stellen. (»Was machen Sie so?«) Drittens und letztens pflegen sie das Gespräch kryptisch zu beenden, beinahe nebensächlich, als wären sie entweder hochrangige Diplomaten bei einer Vertragsverhandlung oder jemand, den Sie über eine Dating-Seite kennengelernt haben und mit dem Sie ein bizarres Rendezvous hatten ... oder wie ein hochrangiger Diplomat, den Sie auf einer Dating-Seite kennengelernt haben. (»Jetzt wissen Sie also, wonach ich suche. Ich weiß, was Sie suchen. Lassen Sie uns sehen, wohin uns das führt.«) Ein Personalvermittler fragt sehr viel verstohlener nach und manövriert verborgener als ein künftiger Arbeitgeber. Meine Gespräche mit Headhuntern verliefen immer in diesem Stil: faszinierend, aber auch ein wenig verwirrend.

Personalvermittlern liegt nicht nur daran, eine Stelle zu besetzen. Sie streben eine Art Beziehung an. Sie wissen zwar, dass man für die offene Stelle womöglich nicht die Idealbesetzung ist, haben aber im Blick, dass es irgendwann ein Jobangebot gäbe, für das man der Richtige wäre. Personalvermittler betrachten alle Bewerbungsgespräche als Mission, Fakten zu sammeln. Sie wollen alles über Sie in Erfahrung bringen. Aber sie wollen auch alles über Ihre gegenwärtige Position wissen – wie viel die Leute dort verdienen, wie die Hierarchie im Unternehmen aussieht. Diese Informationen werden Teil des Gesamtbilds an Informationen, das sie über Ihre Branche haben.

Während ich an diesem Buch arbeitete – beinahe zehn Jahre nach jenem ersten Anruf –, aß ich einmal mit dem Headhunter einer der Top-Personalagenturen im Medienbereich mit Sitz in New York zu Mittag, um über einen Umstand zu sprechen, dem man gemeinhin nicht genug Aufmerksamkeit schenkt: der Rolle von Personalvermittlern in der Gestaltung der beruflichen Karriere.

Es folgen nun die Regeln und Tipps, die ich anlässlich dieses Mittagessens in Erfahrung gebracht habe. Es war das erste Mal, dass ich mich mit einem Personalvermittler unterhalten habe, der auf diese seltsame Kombination aus Liebenswürdigkeit und Doppeldeutigkeit verzichtet hatte.

1. Kommen Sie nicht zu spät. Falls Sie sich doch verspäten sollten, so ist das auch in Ordnung, aber ganz ehrlich, versuchen Sie, pünktlich zu sein.

2. Finden Sie über den Personalvermittler alles über den Personalchef heraus. Personalchefs suchen entweder jemanden, der genauso ist wie sie, oder jemanden, der das genaue Gegenteil repräsentiert. Dieses Wissen wird sich später im Gespräch mit dem Personalchef als nützlich erweisen.

3. Geben Sie dem Personalvermittler alle Informationen über Ihren Arbeitsplatz, die er für seine Akte über Ihren derzeitigen Arbeitgeber benötigt. Damit machen Sie sich bei ihm beliebt. Es ist außerdem einer der Gründe, warum er sich mit Ihnen trifft.

4. Benutzen Sie den Personalvermittler nicht ausschließlich, um ein Gegenangebot einzuholen. Das merkt er und ruft nie wieder an.

5. Seien Sie ehrlich, was Ihre Karriere betrifft. Seien Sie freimütig. Erzählen Sie die *wahre* Geschichte. Wenn Sie für die Stelle geeignet sind, wird das nächste Kapitel in Ihrer Geschichte der Job sein, den der Personalvermittler besetzen will.

6. Reden Sie nicht schlecht über Ihren derzeitigen Arbeitgeber. Der Personalvermittler kennt und mag Leute in Ihrem Unternehmen, und außerdem lässt es Sie klein wirken.

7. Sprechen Sie darüber, was Sie zu der offenen Stelle beisteuern können, nicht darüber, was die Stelle Ihnen für Möglichkeiten bietet.

8. Sprechen Sie weniger über Ihre größten Erfolge oder Ihre offensichtlichen Schwachstellen und mehr über alles dazwischen.

9. Stellen Sie dem Personalvermittler keine Fragen zu seinem Leben oder seiner Karriere. *Sie* sind das Thema. Es ist absolut in Ordnung, während des Gesprächs mit dem Personalvermittler nur von sich selbst zu erzählen.

10. Bedanken Sie sich im Anschluss an das Gespräch schriftlich bei dem Personalvermittler. Aber keine Geschenke. Das wäre übertrieben. Es hätte den Anschein, als versuchten Sie, einen Eignungsmangel zu kompensieren.

11. Und ganz ehrlich: Seien Sie pünktlich!

Wie man einen Raum betritt

Wenn ich an mein Bewerbungsgespräch zurückdenke, wird mir klar, dass sich ein Großteil meiner Angst einfach um den Moment des *Eintreffens* drehte. In den Tagen davor machte ich mir Sorgen um den ersten Eindruck, den ich hinterlassen würde. Die Erkenntnis im Aufzug, dass ich nicht angemessen gekleidet war, verstärkte diese Angst nur. Zum schlechtestmöglichen Zeitpunkt.

In den letzten zehn Jahren gab es viele Untersuchungen bezüglich dieses ersten Eindrucks. Die meisten hatten zum Ergebnis, dass unsere Ängste nicht unbegründet sind. Der erste Eindruck ist tatsächlich von großer Bedeutung, und das nicht nur kurzfristig.

Wenn man im Rahmen eines Bewerbungsgesprächs mit einer Person zusammentrifft – und überhaupt immer, wenn man einen guten ersten Eindruck hinterlassen will –, entscheidet sich schon früh, ob man gewinnt oder verliert. Also – sehr, sehr, sehr früh. Früher. Nein, noch früher.

Forschungsergebnisse zeigen auf, dass Ihr Gegenüber innerhalb von Millisekunden einen ersten Eindruck gewinnt, und das fällt nicht immer nur zu Ihrem Vorteil aus. Das könnte dann so aussehen: ist freundlich, besitzt Durchsetzungsvermögen, zeigt sich sozial kompetent, verbal versiert, stellt Augenkontakt her, lässt Anzeichen emotionaler Stabilität erkennen und verfügt über ein angenehmes Wesen. Und besser nicht: ist schüchtern, wirkt wie ein Mauerblümchen, zeigt Fluchtverhalten, schreit und flieht schreiend.

Tatsache ist, dass wir Tiere sind, die ständig schnüffeln und Ausschau nach einer möglichen Bedrohung halten, aber auch nach Verbündeten suchen. Wir bilden uns bereits sehr früh einen ersten Eindruck, vermutlich weil uns das als Spezies im Laufe der Menschheitsgeschichte beim Überleben half. Wir sind Rehe am Waldrand, die ihre Blicke huschen lassen. Erst hierhin. Dann dorthin. Und… he, Mann, schnell zurück in den Wald, wo wir sicher sind.

Aber anders als Rotwild, Erdmännchen und Murmeltiere bilden wir uns einen ersten Eindruck, der extrem nuanciert ist. Wir schätzen nicht nur die Bedrohung ein – wir urteilen auch über Wärme, Vertrauenswürdigkeit, Zuverlässigkeit, soziale Dominanz… und ob das jemand ist, der auf Körperpflege achtet. Was den ersten Eindruck angeht, sind wir sehr gut. Wir wissen sofort, ob wir jemanden »mögen« oder eben »nicht mögen«.

Das ist eindeutig eine supergute Gelegenheit für Sie.

Also schön, Sie betreten einen Raum…

Einen Raum zu betreten ist einfach. Gehen wir davon aus, dass Sie pünktlich sind und dass Sie genau wissen, was

Sie von den Leuten in diesem Raum wollen, dass Sie ihren Namen kennen und sie alle gegoogelt haben und jetzt wissen, welche Schulen sie besucht haben, und dass sie laut LinkedIn seit den frühen 2000ern ein paar fragwürdige Karriere-Entscheidungen getroffen haben und dass alle bei Twitter sind.

Das größte Problem beim Betreten eines unvertrauten Konferenzraums besteht darin, dass wir uns plötzlich so fühlen, als würden wir eine Bar verlassen, obwohl es draußen noch hell ist. Alles scheint ein wenig zu hell, ein wenig zu überwältigend, ein wenig zu verwirrend. Es ist, als befände man sich urplötzlich in einem Paralleluniversum, und man hat keine Ahnung, wo dort die Toiletten sind. Doch gleichgültig, wie sehr es einen umhaut, halten Sie sich immer an das Grundprinzip: Das ist jetzt Ihr Raum! In den nächsten, nun ja, dreißig bis sechzig Sekunden haben Sie die Kontrolle. Auch wenn der Raum den anderen gehört, *Sie* haben die Kontrolle. Selbst wenn Ihr Gehalt nur ein Hundertstel von dem Gehalt des Kerls beträgt, dem Sie gleich die Hand schütteln werden, Sie haben die Kontrolle. Und Sie kontrollieren nicht nur die Stimmung im Raum, Sie müssen auch die Verantwortung dafür übernehmen.

Ich stelle Ihnen nun eine Regel vor, die Sie auch bei jedem der nachfolgenden Kapitel beachten sollten. **Augenkontakt. Schauen Sie nicht nach unten, zur Seite, durch die anderen hindurch, auf deren Brustkasten, in ihre Seelen. Sehen Sie den Leuten in die Augen.** Untersuchungen zeigen, dass Kandidaten, die durchgehend Augenkontakt halten, sehr viel positiver bewertet werden als jene, die das nicht tun. Augenkontakt ist der entscheidende Faktor für den erfolgreichen Ausgang eines Bewerbungsgesprächs.

Durch den Augenkontakt sammeln wir Informationen, geben und erhalten Hinweise darüber, wann wir etwas tun oder etwas sagen müssen, und drücken Intimität aus (ja, auch im beruflichen Umfeld). Wir neigen dazu, den Blick abzuwenden, wenn uns eine unangenehme Frage gestellt wird. Das kann Unbehagen, Unsicherheit, einen Mangel an Kontrolle vermitteln. Menschen, die sich selbstsicher fühlen und über das anstehende Thema Bescheid wissen, halten eher Augenkontakt.

Es geht aber nicht nur darum, Augenkontakt zu halten. Der *feste Blick* ist entscheidend – bei einem Bewerbungsgespräch sollte man zumindest die Hälfte der Zeit dem Gegenüber in die Augen sehen, dann wirkt man kompetent und selbstsicher. Schauen Sie in den Spiegel und halten Sie eine Sekunde lang Augenkontakt, bevor Sie den Blick abwenden. Dann fünf Sekunden. Der zweiten Version von Ihnen werden Sie mehr vertrauen als der ersten. Sie wird Ihnen angenehmer sein. Vielleicht zwinkern Sie sich sogar zu. Wichtig ist, dass Sie sich umso mehr mögen, je länger Sie den Blickkontakt aufrechterhalten. (Allerdings nicht zu lange. Es ist ein schmaler Grat zwischen Augenkontakt und Anstarren und ein noch schmalerer Grat zwischen Anstarren und Bedrohung. Der Grat zwischen Bedrohung und irrem Ausrasten misst dann quasi nur wenige Millimeter.)

Schauen Sie den Leuten also in die Augen. Noch bevor Sie ihnen die Hände schütteln. Sogar noch bevor Sie lächeln.

Sie vermitteln damit die berufliche Tugend, die am allermeisten unterschätzt wird: Neugier. Meiner Meinung nach wird keine andere Tugend stärker unterbewertet. Wenn Sie neugierig auf etwas Neues oder besser noch auf *jemand* Neuen sind, legen Sie damit das ausschlaggebende Fundament für das Gespräch. Es ist wichtig, den Tenor schon früh festzulegen – auch wenn es noch gar nicht ums Geschäftliche geht. Die meisten Besprechungen beim *Esquire* beginnen mit Bemerkungen zur Aussicht aus dem Konferenzzimmer im einundzwanzigsten Stock des Hearst Tower mitten in Manhattan. Wenn mir mein Gegenüber Fragen zur Stadt stellt, trete ich mit ihm an das Panoramafenster und erkläre kurz, was man alles sieht: die lange Reihe an niedrigen Gebäuden, die Hell's Kitchen genannt wird, den genauen Punkt im Hudson, auf dem Flugkapitän Chesley »Sully« Sullenberger seinen Airbus notwasserte, die Statue des geköpften Ronald McDonald, die sieben Jahre lang auf einem Stuhl auf dem Dach eines Gebäudes in der Eighth Avenue thronte. Ich erläutere, dass New Jersey beinahe ländlich-idyllisch wirkt, wenn man die Augen zusammenkneift. Beinahe. Kurzum, es wird ein ergiebiges, interessantes Gespräch, und alles nur, weil es von Neugier entfacht wurde.

Wer möchte sich in so einem Moment nicht mit Ihnen im Raum aufhalten? Sie sind umgänglich und selbstsicher und wirken zufrieden mit dem Lauf der Dinge. Sie sind jemand, mit dem sich die anderen eine Zusammenarbeit sehr gut vorstellen können.

Und Sie sitzen noch nicht einmal.

Wie man den ersten Tag im neuen Job absolviert

Ich wünschte, ich hätte das vorige Kapitel am Tag vor meinem ersten Tag beim *Esquire* gelesen.

Das Problem bestand nicht darin, dass ich nicht umgänglich oder jovial gewesen wäre. Das Problem war, dass ich gar nicht wusste, wie umgänglich und jovial ich mich verhielt. Wenn ich angespannt und nervös bin, tue ich, was viele von uns tun: Ich bin nicht mehr ich selbst, sondern wie eine Karikatur von mir. Ich übertreibe. Auf Partys rede ich zu viel. Ich stelle impertinente Fragen, deren Antworten mich kein bisschen interessieren.

Und offenbar stelle ich mich auf der Herrentoilette fremden Männern vor.

Bis zu meinem ersten Arbeitstag beim *Esquire* war es ziemlich hektisch. Am Montag wurde mir die Stelle angeboten. Am Freitag nahm ich sie an. (Achtung: Das ist zu lange, um ein Stellenangebot zu akzeptieren. Ich bin mir über die Gründe nicht sicher, weshalb ich das so gehandhabt hatte. Vermutlich wollte ich Zeit schinden: Ich wusste, wie sehr sich mein neuer Chef wünschte, dass ich so schnell wie möglich anfing, ich hatte jedoch noch jede Menge Dinge zu erledigen, bevor ich einen Umzug nach New York arrangieren konnte.) In der Folgewoche flog ich nach New York, um mir eine Wohnung zu suchen. Nachdem ich an einem einzigen Nachmittag fünf Apartments im Village angeschaut hatte, nahm ich die letzte, also die fünfte Wohnung – im dritten Stock eines Gebäudes ohne Aufzug, einen Häuserblock nördlich des Washington Square Parks an der West Eighth Street gelegen. Die Wohnung befand sich über einem Laden namens *L'Impasse*, der sich auf Kleidungsstücke spezialisiert hatte, die man am ehesten wohl als Abendgarderobe für anspruchsvolle Stripperinnen bezeichnen könnte. Trotz der Nachteile griff ich zu: nicht, weil mir die Wohnung gefallen hätte, sondern weil sie die Einzige war, bei der sich die Toilette nicht in der Küche befand oder andere unpraktische Gegebenheiten aufwies, wie sie für Immobilien in Downtown Manhattan typisch sind. Und weil es die letzte Wohnung war, die mir angeboten wurde, und ich eine Entscheidung zu treffen hatte. (Rückblickend wurde mir klar, dass es eine fantastische Wohnung war. Ziemlich groß, mit Blick auf die MacDougal Street und in exzellenter Lage – ich konnte sogar ein paar Zentimeter vom Washington Square Bogen sehen. Aber an jenem Sonntagnachmittag hatte ich kaum Zeit, auf die Vorteile zu achten.)

Mein Kumpel Craig und ich verließen Dallas an einem Donnerstag, übernachteten in Knoxville, Tennessee, und dann in Princeton, New Jersey, bevor wir an einem frühen Samstagmorgen in New York einfuhren. Die Stadt schlief noch. Die Läden in der West Eight waren geschlossen, die Sicherheitsschlösser fest verriegelt. Es wirkte öde und traurig – wie eine Szene aus dem Film *Taxi Driver*. Wir verbrachten den Tag damit, meine Wohnung einzurichten. Jedes Mal, wenn ich nach unten ging, um einen weiteren Karton zu holen, war die Straße belebter, die eindeutig sexuell stimulierende Musik aus dem *L'Impasse* erscholl lauter, und in der Hitze des Sommers roch alles etwas strenger.

Wie sich herausstellte, hatte ich mich unbewusst für ein lebendiges, wenn nicht gar heimeliges Viertel entschieden.

Am Sonntagmorgen gingen Craig und ich nach draußen. Er musste zu seinem Flieger nach Hause, ich wollte herausfinden, was die New Yorker an einem warmen Sonntagmorgen unternahmen: Im Washington Square Park die *Times* lesen? Einen Bagel mit Räucherlachs essen? Grundlos verärgert sein? Als wir an die innere Haustür kamen, ließ sie sich nicht öffnen. Sie war nicht abgeschlossen, aber etwas verhinderte, dass wir sie aufstoßen konnten. Wir sahen nach unten und entdeckten einen großen Kleiderhaufen, aus dem uns eine Hand träge beiseitescheuchte. Ein beleibter Mensch unbestimmbaren Geschlechts hatte sich irgendwie in den schmalen Bereich zwischen den beiden Haustüren gequetscht, den man passieren musste, um das Gebäude zu verlassen.

Wir stiegen vorsichtig über die Gestalt hinweg. Draußen auf dem Gehweg sahen wir einander an, als dächten wir

beide dasselbe: »Was zur Hölle war das?« (In den darauf-
folgenden Monaten war ich nicht mehr so rücksichtsvoll,
wenn diese Situation eintrat, und sie tat es im ersten Jahr
mehrmals. Irgendwann sagte ich laut »Guten Morgen!«
und später »Verziehen Sie sich!« oder »Es tut mir leid,
mein Herr, meine Dame, aber mal ehrlich, echt jetzt?«)

Die vier *L'Impasse*-Schaufensterpuppen hinter der aus-
ladenden Fensterscheibe des Geschäfts hielten die Hände
in die Hüften gestemmt, trugen gewagte Outfits, und ihr
erstarrter Gesichtsausdruck schien uns förmlich zu verhöhnen.

Als ich jenes erste Mal zu Fuß mein Viertel erkundete,
fiel mir auf, dass eine Menge Leute auf der Straße unterwegs waren. Einige von ihnen hatten Klappstühle dabei,
was mir seltsam vorkam. Zu beiden Seiten der Eighth
Street waren Barrieren aufgestellt, und in der Mitte der
Straße war eine lila Linie gezogen, als ob man damit eine
Route markieren wollte.

Sobald ich wieder in meiner Wohnung angekommen
war, googelte ich »Veranstaltung 26. Juni Eighth Street«.

Wie sich herausstellte, war es der Höhepunkt der Gay-
Pride-Woche, bei der man den Kampf um die Rechte der
Schwulen feiert. Eine bunte Parade zog von Midtown bis
zum West Village, offenbar unweit meiner Wohnung entlang.

»Cool«, dachte ich, »eine Parade.« Jeder liebt doch
Paraden. Und dann noch solche, die für die Rechte von
Schwulen und Lesben aufmarschierten. Ich bin dafür! Mir
war jedoch nicht klar gewesen, dass ich durch diese Parade

in meiner Wohnung gefangen sein würde, dazu verdammt, mir stundenlang extrem laute Tanzmusik anzuhören. Es dauerte aber eine Weile, bis ich das realisierte. Es baute sich langsam auf, fing an mit – Moment mal – ist das etwa…?

He, schaut mal, das ist US-Senatorin Hillary Clinton!

Und US-Senator Chuck Schumer!

Und der New Yorker Bürgermeister Mike Bloomberg!

Und ein Typ mit einem Hundehalsband und einer Badehose aus Leder, der so tut, als hätte er Sex mit einer Frau aus der Zuschauermenge. Offenbar hat sie nichts dagegen!

Ein Wagen nach dem anderen zog vorbei, ein Würdenträger nach dem anderen, eine Schwulengruppe nach der anderen, eine knappe Männerbadehose nach der anderen, bis ich dachte: »Okay, ich habe genug haarige Männerrücken gesehen.« Dann dachte ich: »Ab jetzt ist alles anders.« Nicht nur meine Wohngegend. Mein ganzes Leben. Alles.

Ich kam mir allerdings dabei auch nicht verloren vor. Obwohl ich mich noch nicht zu Hause fühlte. Ich hatte vielmehr das Gefühl, mich in einem Portal zwischen den Welten zu befinden, irgendwo zwischen Dallas und New York.

Jeder in der Menge, Hillary, Chuck, Mike, die vier Schaufensterpuppen und der Kerl, der immer noch Kopulationsbewegungen ausführte, schienen mir zuzurufen: »Willkommen in New York, Alter. Viel Glück morgen!«

An meinem ersten Morgen im neuen Job war ich ein wenig, äh, nervös.

Möglicherweise schüttelte ich deshalb die Hand eines mir fremden Mannes auf der Herrentoilette, noch bevor ich mein Büro betrat.

Die Begegnung verlief wie folgt:
[Zwei Männer vor zwei Urinalen.]
Hallo!
Hallo.
[Ich betätige die Spülung. Wasche mir die Hände.]
Ich bin Ross.
Bob.
[Bob betätigt die Spülung. Wäscht sich die Hände.]
Heute ist mein erster Tag.
Ach?
Ja.
Ich bin der neue Leiter für Recherchen beim Esquire.
Aha.
[Wir trocknen unsere Hände. Ich strecke die Hand aus, will Bob die Hand schütteln. Bob hat keine Chance. Mit verwirrtem Gesichtsausdruck schüttelt Bob meine Hand.]

Es gibt viele ungeschriebene Gesetze für den Aufenthalt in der Herrentoilette am Arbeitsplatz. Man darf nach Norden oder Süden schauen, nicht jedoch nach Westen oder Osten. Keinerlei Körperpflege. Und kein Händeschütteln. Niemals. Und ganz besonders nicht am Morgen des ersten Arbeitstages.

Ich fühlte mich fehl am Platz und äußerst angespannt. Und wenn ich nervös bin, neige ich dazu, mich schnell zu bewegen. Wenn ich eine Rede halten muss, laufe ich schon zum Rednerpult, noch bevor der Moderator mit seiner Ankündigung meiner Person fertig ist. Bei wichtigen Geschäftsessen esse ich zu schnell. Und offenbar stelle ich mich Kollegen auf der Herrentoilette vor, noch bevor ich meinen Schreibtisch eingeräumt habe.

Der Rest des Tages war einfach nur peinlich. Alle ersten Tage sind das.

Ich wurde sämtlichen Kollegen vorgestellt – auf die klassische und höchst ineffektive Weise, nämlich auf einem Rundgang.

John, das ist Ross.
Hallo.
Hallo.
Steve, das ist Ross.
Hallo.
Hallo.
David, das ist Ross.
Hallo.
Hallo.

Während ich einem der anderen Redakteure die Hand schüttelte, musterte er mich von oben bis unten. Es war wie eine Szene aus einem schlechten Film, bei dem es um ein Magazin in New York geht. »Das tragen Sie also an Ihrem ersten Tag?«, schien der Mann stumm zu sagen. Offenbar standen schwarze Hosen, Slipper und ein Polohemd mit verdeckter Knopfleiste nicht auf der offiziell genehmigten Liste für angemessene Kleidung. (Der Typ gehörte natürlich zu den Männern, die wissen, was eine *verdeckte Knopfleiste* ist. Trottel.)

Als ich mich zum ersten Mal in mein Büro setzte, hatte ich weiter nichts zu tun, als müßig in einer Ausgabe des *Playboy* in Braille-Blindenschrift zu blättern (mein Vorgänger, A. J. Jacobs, der mittlerweile Bestsellerautor ist, hatte sie zurückgelassen – neben einer sehr netten Notiz und einer Schublade mit gefühlt 450 Dollar in Münzgeld). Ich fand, die Sache ließ sich enttäuschend an. Der Handschlag auf dem Klo. Der peinliche Rundgang. Die Musterung durch die Kollegen. Es war nicht wirklich schlimm, das sind erste Tage selten – es war einfach nur entmutigend (was erste Tage wiederum *oft* sind).

Erste Tage sind *immer* eine Variation dieses Themas. Wir glauben, wir würden keinen guten Eindruck hinterlassen. Wir zweifeln, ob es gut war, die Stelle anzunehmen. Wir wissen uns kritisch unter die Lupe genommen. Wir fühlen uns unzureichend.

Die Sache ist die: Der erste Tag ist stets eine Anomalie. Und ziemlich bedeutungslos. Sie stellen sich den neuen Kollegen vor. Das werden Sie nie wieder tun. Sie starren die Wasserhähne in der Toilette an, weil Sie nicht wissen, ob sie sensor-aktiviert sind. Das werden Sie nie wieder tun. Sie geben vor, E-Mails zu lesen, die gar nicht existieren. Sie laufen versehentlich gegen eine Glaswand. Sie haben eine Million Notizblöcke, aber keinen Stift. Sie wissen nicht, wo sich der Schrank mit den Büromaterialien befindet, und wollen auch niemanden danach fragen. Sie schaffen es nicht, Ihre Abwesenheitsmeldung auf Band zu sprechen, geben schließlich auf und bemerken erst danach, dass sieben Personen in Hörweite sitzen und alle sieben jetzt denken, Sie könnten nicht einmal die einfachste Aufgabe bewältigen. Sie starren geschlagene fünf Minuten auf die Salz- und Pfefferstreuer in Ihrer Schublade und können sich nicht entscheiden, ob Sie sie wegwerfen oder behalten sollen, denn eigentlich hat sie jemand anders schon benutzt, und wer weiß, wozu, aber andererseits sollte Essen immer gut gewürzt sein, auch am Schreibtisch. Nur wenig von dem, was am ersten Arbeitstag geschieht, ist bezeichnend für die Menschen, die dort arbeiten, oder den Job selbst. Es ist wie ein verwirrendes, weitschweifiges Vorwort zu einem eigentlich spannenden Buch.

Das sind nicht einmal wirklich Sie, der da den Rundgang macht. Es ist ein Doppelgänger.

Und das sind auch nicht Ihre Kollegen. Es sind *deren* Doppelgänger. Wir spielen alle eine Rolle. Menschen, die wir sofort in unser Herz schließen, erweisen sich kurz darauf als Arschlöcher. Und die Leute, die uns abfällig zu mustern scheinen, werden zu unseren engsten Verbündeten.

Wir glauben, wir seien die Einzigen, die voller Angst sind. Aber Ihre neuen Kollegen haben ebenfalls Angst. Sie kennen Sie noch nicht. Sie wissen nicht, ob Sie bei Sitzungen zu viel reden, ob Sie sich im Alltag als Krebsgeschwür erweisen, ob Sie auf ihren Job scharf sind, ob Sie den Gemeinschaftskühlschrank mit Ihrem Zwölf-Tage-Vorrat an Entschlackungssäften vollpacken.

Und Sie wiederum haben keine Ahnung, wer Ihre Kollegen sind.

Am Ende werden Sie – bewusst oder unbewusst – etwas tun, das Psychologen als »spiegeln« bezeichnen. Keiner spricht? Dann sage ich auch nichts. Alle gehen zum Mittagessen? Dann gehe ich auch. Jemand macht Kopien? Dann kopiere ich jetzt auch. Der Typ scheint von den anderen geschnitten zu werden. Tja, dann schneide ich ihn auch... Moment mal... nein, sie mögen ihn. *Hallo, mein Freund!*

Der Punkt ist der: Sie sind nicht Sie selbst!

Wenn ich heute an diesen ersten Arbeitstag zurückdenke, dann wird mir klar, in wie vielen Punkten ich mich geirrt habe. Doch letzten Endes war das egal. Erste Tage sind fast immer unwichtig. Es mag sogar »Vorfälle« geben, aber Sie können unmöglich einschätzen, welche Folgen das haben wird. Es ist wie zu Beginn eines Puzzles, wenn man nur die einzelnen Puzzle-Teile sieht, nicht das gesamte Bild. **Der erste Arbeitstag ist ein Initiationsritus. Er symbolisiert viel, lässt aber nur wenig Konkretes erahnen.**

Sie brauchen also definitiv nicht nervös zu sein.

Am Ende meines ersten Tages legte ich die Füße auf den Heizkörper in meinem Büro und sah aus dem Fenster. Durch das Baugerüst und das Schutznetz rund um das alte, zwanzigstöckige Bürogebäude (in dem das Magazin untergebracht war, bevor es 2006 in den Hearst Tower umzog) und zwischen zwei Wohnhäusern hindurch konnte ich ein schmales grünes Rechteck ausmachen. Die Stadt kam mir verlassen vor, das Büro wirkte kalt, die Ausgabe des *Playboy* vom Mai 1999 in Braille schien wie eine Chance, die vertan worden war – warum hatte man nicht das Playmate des Monats durch hervorgehobene Punkte markiert? –, aber dieser grüne Zipfel des Central Parks schien pure Hoffnung zu symbolisieren… auch wenn ich nur eine winzige Ecke davon erspähen konnte.

Während ich diesen Moment in mich aufnahm, schaute mein Chef durch die offene Tür. »Bereit fürs Abendessen?«

»Aber ja«, rief ich.

Lassen Sie es mich in aller Deutlichkeit sagen: Ich war *nicht* bereit für das Abendessen.

Checkliste der Fehler, die man unbedingt gleich zu Anfang machen sollte

Sie sollten Fehler machen. Wenn Sie nicht gleich zu Beginn Fehler machen, sind Sie für die Stelle überqualifiziert. Nur wenn es keine großartige Gelegenheit für Sie ist, Neues zu lernen und zu wachsen, würden Sie schon alle Fertigkeiten besitzen, die Sie für diesen Job brauchen. Es *muss* sich überwältigend anfühlen – Sie müssen haufenweise Fehler begehen – Sie müssen spüren, dass Sie einen großen Schritt nach vorn getan haben, dass Sie Neues lernen, dass Sie an dieser Herausforderung wachsen. Kleine Misserfolge lassen Sie wissen, wie erfolgreich Sie gerade sind.

Sobald Sie mindestens sechs der folgenden Punkte abgehakt haben, können Sie sich gratulieren – Sie sind auf dem richtigen Weg!

- Sie versuchen, einer wichtigen Person die Hand zu schütteln, jedoch in einem völlig unpassenden Moment, wie beispielsweise
  - während die Person gerade isst,
  - während sie mitten im Gespräch mit einem Dritten ist,
  - auf der Toilette.
- Sie tun so, als wüssten Sie genauestens über etwas Bescheid, von dem Sie in Wirklichkeit keinen blassen Schimmer haben, sprechen aber so lange darüber, bis Ihre Unwissenheit nicht mehr zu übersehen ist.
- Sie vermeiden Blickkontakt mit jemandem, den Sie bewundern, weil Sie entweder von dessen Ruhm geblendet oder von dessen Macht eingeschüchtert sind.
- SIE SPRECHEN VOR LAUTER ANGST ZU LAUT.
- Sie vermasseln eine Präsentation. Und wie. Beispielsweise, indem Sie vergessen zu schlucken.
- Sie drücken sich auf einer Bürofeier um eine Gruppe von Kollegen herum.
- Dann scharwenzeln Sie heran.
- Sie platzen unbeholfen in das Gespräch der Kollegen hinein.
- Sie verwenden den Begriff »Erster-Tag-Bammel« an Ihrem ersten Tag.
- Sie möchten am liebsten heimgehen – wobei »heim« eine Metapher für den metaphorischen Ort ist, an dem Sie sich metaphorisch in eine metaphorische Decke hineinkuscheln können.
- Sie starren Ihr Spiegelbild an, als ob Sie es zu einem Boxkampf auffordern wollten.

❑ Sie schreiben Ihren ersten, großen Erfolg purem Glück und Hochstapelei zu.

❑ Aufgrund von Übermüdung und Einschüchterung bringen Sie auf dem Abendessen nach dem ersten Arbeitstag, an dem all Ihre Kollegen und der Chef teilnehmen, keinen Ton heraus. Nicht einmal einen Pieps. Sie sagen kein einziges Wort. Mehr dazu im nächsten Kapitel.

Wie man reagiert, wenn bei einem Abendessen mit den brandneuen Kollegen jemand fragt, was man vom Gesamtwerk Werner Herzogs hält, und man nicht weiß, wer Werner Herzog ist

Man könnte meinen, im Alter von dreißig Jahren sollte ich wissen, wie ich ein peinliches Abendessen überstehe, an dem lauter Menschen teilnehmen, die mich einschüchtern und die von Dingen reden, auf die ich mich nicht verstehe. Wie sich jedoch herausstellte, wusste ich es nicht.

Während sämtliche leitenden Mitarbeiter Platz nahmen im Nebenraum jenes frisch eröffneten Restaurants in Midtown, das es inzwischen nicht mehr gibt, fühlte ich mich zutiefst unwohl in meiner Haut. Ich war durch und durch eingeschüchtert. Zwar war ich Ehrengast, hatte aber nicht das Gefühl, diese Ehre verdient zu haben. Ich hatte einen Job angenommen und war in eine neue Stadt gezogen. Das machen die Leute ständig. Ich fand, dass ich weder den Job noch das Abendessen verdient hatte.

Ich wusste nicht, ob ich wirklich erwünscht war. Ich wusste nicht, ob mein Chef der Einzige war, der mich für geeignet hielt. Ich wusste nicht, ob meine Einstellung womöglich die eingespielten Abläufe in der Redaktion durcheinandergebracht hatte.

Wegen all dieser Dinge machte ich mir Sorgen. Das tut jeder von uns. Heute weiß ich, dass ich mir keine Sorgen hätte machen müssen. Ich weiß jetzt, dass man in einem neuen Job am besten so tut, als arbeitete man schon ewig dort. Fangen Sie mit Ihrer Arbeit an, und strahlen Sie aus, dass Sie sich wohlfühlen, auch wenn das gar nicht der Fall ist – nicht großspurig, einfach nur im Wohlfühlmodus. Ich dagegen machte mir Sorgen und fühlte mich bei diesem Abendessen höchst unwohl. Ich kam mir wie ein Eindringling vor.

Aber ich war ebenso wenig ein Eindringling wie jeder andere, der neu in einem Job ist. Die Unfähigkeit, meinen neuen beruflichen Status mit meinem Mangel an Selbstbewusstsein unter einen Hut zu bekommen, lähmte mich zwar an meinem ersten Arbeitstag nicht – schließlich kann man sich einfach in seinem Büro verstecken und tippen und so tun, als würde man am laufenden Band brillante Ideen generieren. Aber beim Abendessen gab es nichts mehr, hinter dem ich mich verstecken konnte. Ich musste die Karten auf den Tisch legen. Ich musste mich am Gespräch beteiligen. Ich musste über Werner Herzog mitreden können.

Dieser verdammte Werner Herzog. Heute weiß ich, dass er ein exzentrischer, deutscher Regisseur ist, der merkwürdige Filme und esoterische Dokumentationen dreht. Heute bin ich ein Fan seiner Arbeit und der seltsamen, intensiven Linse, durch die er abgedrehte und eigenartige Menschen betrachtet. Aber an jenem Abend war er für mich nichts weiter als ein kultureller Bezug, von dem ich keine Ahnung hatte.

»Lasst uns hören, was Ross von Herzog hält«, rief jemand. Das war nicht böse gemeint – heute ist mir das klar. Ich glaube, sie wollten mich einfach in das Gespräch miteinbeziehen, weil ich kein Wort sagte. Sie wollten mich zum Reden bringen.

Wenn man von jemandem, den man respektiert, aufgefordert wird, über etwas zu reden, wovon man nichts versteht, gibt es diesen einen Moment, in dem man sich entscheiden muss, ob man a) sein Nicht-Wissen zugibt oder b) einfach wie ein Maschinengewehr irgendwelchen Unsinn herunterrattert oder c) Allerweltsfloskeln von sich gibt, wie es Schwerhörige gern tun.

Ich entschied mich für eine Kombination aus b) und c).

»Ach der. Ich hielt seine frühen Arbeiten für sekundär. Aber seine neuen Sachen haben bei mir ein Umdenken bewirkt.«

Ein Umdenken bewirkt? Ein Umdenken … bewirkt?

Diesen Ausdruck hatte ich vor jenem Abend nie verwendet – und tat es seitdem auch nie wieder.

Mit dieser Antwort katapultierte ich mich selbst aus dem Rennen. Den Rest des Abends war ich nicht mehr groß an der Unterhaltung beteiligt. Ich saß daneben wie ein Viertklässler an seinem ersten Schultag in einer neuen

Stadt. Ich gab den anderen keinen Grund für die Annahme, ich könnte der Richtige für den Job sein, und auch keinen Grund, mich für einen interessanten Gesprächspartner zu halten.

Was ich hätte sagen sollen, ist: »Ich habe keine Ahnung, wer Werner Herzog ist.« **Wenn wir nicht den blassesten Schimmer haben, was vor sich geht, sollten wir das stets zugeben: »Ich habe keine Ahnung, wovon Sie sprechen.«** Ich finde es großartig, wenn Menschen ganz offen ihr Nicht-Wissen einräumen. Wenn ein Bewerber sagt: »Tut mir leid, ich weiß nicht, was Sie damit meinen, könnten Sie mir das bitte erklären?«, dann kommt das bei mir positiv an – er wirkt auf mich ehrlich, neugierig und gewissenhaft. Das Problem war ja nicht, dass ich einen kulturellen Bezug nicht zuordnen konnte – das Problem war, dass ich so tat, als könnte ich es, obwohl das beileibe nicht der Fall war.

Heute sind viele der Menschen von jenem Abend meine Freunde und Weggefährten, und mein damaliges Verhalten ist mir peinlich. Ich versuchte, eine Rolle zu spielen. Ich wollte unbedingt dazugehören. Aber keinem war daran gelegen, dass ich mich nahtlos einfügte. Sie wollten nur, dass ich authentisch bin. Ich versuchte, geschäftliche Verhaltensregeln auf das Abendessen anzuwenden. Aber im Büro läuft es anders als im Restaurant. Bei der Arbeit reden wir ständig über Dinge, die wir im Grunde nicht verstehen. Wenn man jeden Schwachsinn, den man im Büro hört, verurteilen würde, wäre damit das Fundament des Geschäftslebens schlagartig zerstört. Aber bei einem Abendessen hat

Schwachsinn nichts zu suchen. Ich hätte ein interessanter Gesprächspartner sein sollen. Ich hätte authentisch sein sollen. Nervös und eingeschüchtert zu sein ist vollkommen in Ordnung, aber man muss authentisch bleiben. **Wer Interesse vortäuscht, ist kein spannender Gesprächspartner.** Das ist unmöglich. Wenn Sie nicht wissen, wer Werner Herzog ist, geben Sie es zu. Sie mögen ein paar Punkte verlieren, aber das wird problemlos dadurch kompensiert, wie furchtlos Sie in Ihrer Gesprächsführung sind.

»Ich habe keine Ahnung, wovon Sie gerade reden«, sollten Sie sagen – weil Sie nicht wissen, worum es geht, Sie aber dazulernen wollen.

Nachdem sich die Kollegen verabschiedet hatten, ging ich allein zur U-Bahn. Zu allem Überfluss fing es auch noch an, heftig zu regnen. Ich zog meine MetroCard am Drehkreuz bestimmt ein Dutzend Mal durch den Scanner, bis ich durch das Kreuz gehen konnte, dann rannte ich zum Bahnsteig, und es gelang mir gerade noch, in die U-Bahn zu springen, bevor sie losfuhr.

Erst als sie sich in Bewegung setzte, merkte ich, dass die Bahn in die falsche Richtung fuhr, nämlich stadtauswärts.

»Das wird nicht funktionieren«, dachte ich, »das geht maximal sechs Monate lang gut.«

Wie wichtig es ist, die ersten ein oder zwei Jahre im neuen Job richtig schlecht zu sein

Sie sind schlecht. Also, ich bin schlecht. Ich weiß ja nicht, worin Sie schlecht sind, aber seien Sie bei etwas Wichtigem schlecht. Seien Sie bei etwas schlecht, worin Sie irgendwann nicht mehr schlecht sein werden, das Sie aber im Moment einfach nicht gut beherrschen. Genauer gesagt, Sie sind schlecht darin.

Akzeptieren Sie das.

Das kann eine Weile dauern. Ich warte so lange.

Wissen Sie was? Ich akzeptiere es auch.

Während wir uns also beide eingestehen, dass wir schlecht sind, lassen Sie uns über das Scheitern reden.

Scheitern ist gerade total angesagt. Es wird wissenschaftlich untersucht. Man schreibt Bücher darüber. Man bloggt darüber. »Scheitern Sie früh und oft«, heißt es, »geben Sie sich dem Schmerz des Scheiterns hin.« Oder: »Scheitern ist von fundamentaler Bedeutung.« Die neueste Erkenntnis lautet, man solle scheitern, aber richtig.

Gibt es denn so etwas wie richtiges Scheitern? Kann man Arbeiten, von denen man weiß, dass sie unausgereift sind, überhaupt auf die richtige Art und Weise abliefern, wie ich es in den ersten Monaten beim *Esquire* getan habe? Gibt es denn eine richtige Art und Weise, durch eine Präsentation vor Vertriebsmitarbeitern zu stolpern, wie es mir zu Beginn beim *Esquire* widerfuhr? Gibt es überhaupt eine richtige Art und Weise, auf einer Party Indiskretionen über ein anderes Magazin zu verbreiten und sich dann umzudrehen, und zwei Redakteure dieses Magazins stehen direkt hinter einem, wie ich es in der Anfangszeit beim *Esquire* erlebte? Gibt es eine richtige Art und Weise, eine Story zu killen? Kann man überhaupt eine echt misslungene Arbeit auf richtige Art und Weise abliefern?

Ich glaube, hier ist nicht das wirkliche Scheitern gemeint. »Scheitern« ist nur ein Wort, das diese Bücher und Artikel faszinierender macht, als sie es in Wirklichkeit sind. Tatsächliches Scheitern ist schrecklich und teuer. Es ist vernichtend. **Beim Scheitern lernen Sie gar nichts. Sie sollten »Scheitern« nicht als positives Ergebnis betrachten. Weder früh. Noch oft. Überhaupt nie, wenn Sie es vermeiden können.** Nein, wir sprechen hier von Fehlern.

All die Untersuchungen, die diese Bücher und Blogs zitieren, laufen im Grunde auf zwei Botschaften hinaus. Erstens: Menschen hassen es, Fehler zu machen. Zweitens: Ein Schlüsselfaktor für den Erfolg besteht in dem Wissen, dass man Fehler machen wird, und darin, den Fehlern, die man macht, Beachtung zu schenken.

Eine der am häufigsten zitierten Expertinnen zu diesem

Thema ist Carol Dweck, Psychologin an der Stanford University. Sie ist eine Pionierin auf dem Gebiet des »Selbstbilds«. Menschen mit rigidem, unflexiblem Selbstbild glauben nicht, dass sich ihre Fähigkeiten weiterentwickeln lassen, sagt sie – eine Einstellung, die diese Menschen dazu bringt, vor Situationen zurückzuscheuen, in denen sie scheitern könnten. Im Gegensatz dazu begrüßen Menschen mit einem »flexiblen Selbstbild« neue Herausforderungen, weil sie glauben, dadurch klüger und kompetenter zu werden, auch wenn der Erfolg ausbleibt. Sie sind dazu bereit, auch einmal etwas falsch zu machen, aber wichtiger noch, sie sind bereit, ein Feedback anzunehmen. Scheitern ist nichts Endgültiges. Diese Einstellung ist unglaublich nützlich. Ich mache meinen derzeitigen Job seit zehn Jahren, aber erst vor Kurzem habe ich mir diese Einstellung angeeignet. Das hat meine Arbeit verbessert, sie effizienter gemacht. Und ich kann darüber hinaus mehr Zeit mit meiner Familie verbringen.

Menschen mit einem dynamischen Selbstbild wissen, dass Fehler nützlich sind, wenn man bereit ist, darüber zu sprechen und sich korrigieren zu lassen.

Aber tatsächliches Scheitern? Demütigendes, vernichtendes Scheitern?

Abgesehen davon, dass wir daraus lernen, warum bestimmte Entscheidungen schlechte Entscheidungen sind und dass wir sie nicht wiederholen sollten, ist Scheitern pure Zeitverschwendung. Fehler sind dagegen etwas Tolles.

Mein größtes Scheitern in den ersten beiden Jahren in New York bestand aus der Scham, die ich empfand, wenn ich einen Fehler beging. Wenn ich etwas bedauere, dann das. Ich war zu sehr in meiner Angst gefangen, Fehler zu machen. Manchmal verhielt ich mich regelrecht verhuscht. Kurzfristig leistete ich dadurch vermutlich »bessere« Arbeit, aber langfristig wurde meine Arbeit dadurch eher schlechter, weil ich mir nicht gestattete, meine Fehler früh hinter mich zu bringen. Ich saß bis Mitternacht am Schreibtisch, um an einer Schlagzeile zu feilen. Ich investierte zwei bis drei Tage, um einen einzigen Witz zu überarbeiten. **Es ist nicht verkehrt, sich auf Details zu konzentrieren. Aber wenn die Konzentration auf Details auf Kosten Ihres Privatlebens geht, dann ist das keine so gute Idee.**

Wenn ich jetzt, wo ich Führungskraft bin, mitbekomme, dass jemand sich zu lange in etwas verbeißt, dann fordere ich den Betreffenden auf, das Projekt an mich zu übergeben. So, wie es ist. Einfach abgeben. **Es ist nicht ratsam, eine Arbeit allzu schnell zu erledigen. Aber eine Arbeit zu langsam zu erledigen ist *furchtbar*.** Das Letzte, was man als Chef will, ist, keinerlei Optionen mehr zu haben, wenn die Arbeit nicht gut genug ist. Akribisches Arbeiten ist womöglich das Schlimmste, was man als Nachwuchskraft tun kann. Die Arbeit wird höchstwahrscheinlich ohnehin nicht so gut, wie sie eigentlich sein sollte, gleichgültig, wie lange Sie daran feilen. Also reichen Sie sie frühzeitig ein, und korrigieren Sie sie anschließend. Sie *sollen* nachgerade schlechte Arbeit abliefern.

Alle *wollen*, dass Sie schlechte Arbeit abliefern.

Alle.

Ihr Chef will, dass Sie lernen, wie man es nicht macht.

Und Ihre Kollegen wollen das auch – entweder weil sie verstehen, wie wertvoll ein furchtloser Kollege ist, oder weil sie sich Ihnen überlegen fühlen wollen... falls es ihnen überhaupt auffällt. Es gibt massenhaft Untersuchungen, die aufzeigen, dass andere Menschen nur halb so oft auf uns achten, wie wir glauben. Es handelt sich dabei um den sogenannten Spotlight-Effekt. (Meine Mutter hat also recht behalten, als sie mir diesen Sachverhalt während meiner Pubertät jede Woche ins Gedächtnis gerufen hatte.)

Selbst wenn Sie es sich nicht vorstellen können: Auch schlechte Arbeit hat ihre Vorteile. Denn **in jeder schlechten Arbeit liegt auch der Kern von etwas Gutem.** Schlechte Arbeit ist zu zwei bis dreizehn Prozent gut. Ihre Aufgabe besteht darin, sich durch das Gemurkse zu arbeiten und das Gute zu finden. Andere Leute können Ihnen dabei helfen. Lassen Sie das zu.

Wie man lächelt

Während meines ersten Jahres beim *Esquire* ging ich irgendwann in die Bar des London Hotels in der Fünf-undvierzigsten Straße, wo eine Gruppe von uns an einem Festbankett teilnahm. Ich weiß nicht mehr, aus welchem Anlass. Vielleicht war es das Vorglühen zum *National Magazine Award*. Oder wir haben den Abschluss eines großen Heftes gefeiert. Oder jemand hat eine Rundmail mit »Drinks?« in der Betreffzeile herumgeschickt.

Ich trat auf die Kollegen zu, und einer aus der Gruppe sah mich an, wie Clint Eastwood in *Für ein paar Dollar mehr*, und sagte sieben Wörter, die mein Verhalten am Arbeitsplatz für immer verändern sollten.

»Warum schaust du so verdammt mürrisch drein?«

Ich bin nicht gerade das, was man ein Sonnenscheinchen nennt. Ich bin weder lustig noch heiter oder gar beschwingt. Selbst im ausgeruhten Zustand wirkt mein Gesicht immer leicht besorgt. Kurzum, ich lächle nicht sehr viel. Und in den ersten beiden Jahren in New York lächelte ich so gut wie nie, weil ich fast andauernd unter Stress stand und das Gefühl hatte, dem Ganzen nicht gewachsen zu sein.

Aber all das wurde mir erst an jenem Abend in der Bar des London Hotels richtig bewusst.

Meinen Kollegen hatte das offenbar schon eine Weile gestört, und nun hatte er endlich genug Alkohol im System, um seinen Unmut laut werden zu lassen. Der Grund für seine Verstimmung war der, dass ein Stirnrunzeln zersetzend wirkt. Und ansteckend ist. Glücklicherweise trifft das auch auf ein Lächeln zu. Das ist sogar wissenschaftlich erwiesen.

Hier eine lustige Aktivität: Lächeln Sie.

Nein, ganz ehrlich ... *lächeln Sie.*

Schon gut, mir fällt das auch nicht leicht.

Aber wir machen erst weiter, wenn ich von Ihnen wenigstens die Andeutung eines Lächelns bekomme.

Da Sie auf eine Anweisung von mir reagieren und nicht auf etwas, das Sie tatsächlich fröhlich stimmt, ist das Lächeln auf Ihrem Gesicht höchstwahrscheinlich nicht das, was Psychologen ein »echtes« oder auch »Duchenne«-Lächeln nennen, benannt nach dem gleichnamigen französischen Neurologen aus dem 19. Jahrhundert, der Pionierarbeit auf seinem Gebiet leistete. Das Lächeln in Ihrem Gesicht ist seelenlos. Wenn Sie sich auf einem Foto nicht gefallen, dann wahrscheinlich wegen eines solchen Lächelns. Sie kontrahieren den Wangenmuskel *Zygomaticus major,* der Ihre Mundwinkel nach oben zieht, aber Ihre *Orbicularis oculi* sind nicht beteiligt, jene Muskeln, die Ihre Augenwinkel in Lachfältchen legen. Die *Orbicularis oculi* kann man nur sehr schwer absichtlich kontrahieren. Man muss eigentlich immer tatsächlich erfreut sein, damit sie aktiv werden.

Denken Sie also an etwas, das Sie entzückt. An ein Kind mit einem Luftballon. Wenn Sie keine Kinder mögen, dann denken Sie nur an einen Luftballon. Wenn Sie auch keine Luftballone mögen und innerlich tot sind, dann ist ein Lächeln das geringste Ihrer Probleme.

Kurzum, finden Sie Ihre Freude.

(Anmerkung: Das ist das letzte Mal, dass ich »finden Sie Ihre Freude« tippe – in diesem Buch oder überhaupt, bewusst oder unbewusst, in diesem Universum, für alle Ewigkeit.)

Na also, das ist jetzt ein überzeugendes Lächeln. Das macht Sie fotogen. Das lässt Sie »locker« wirken.

So ein Lächeln im Gesicht ist ein mächtiges Hilfsmittel. In Deutschland wurde das sogar bestätigt. Für eine Studie aus dem Jahr 1988 ließ man die Probanden Cartoons von Gary Larson anschauen, während sie entweder einen Bleistift zwischen den Zähnen halten mussten (was ein »Lächeln« erzwang) oder nur zwischen die Lippen pressen mussten. Die erste Gruppe fand die Cartoons lustiger als die zweite – woraus die Schlussfolgerung gezogen wurde, dass die Probanden leichter zu begeistern waren, weil sie ja ohnehin schon »lächelten«. Ehrlich, es wirkt wie Magie. Wer lächelt, wird glücklich, was wiederum zu einem Lächeln führt, und immer so weiter.

Wenn Ihnen das schwerfällt, dann **lächeln Sie einfach zwanzig Prozent breiter, als es für Sie angenehm ist**. Tun Sie so, als seien Sie Julia Roberts. Kneifen Sie die Augen ein wenig zusammen, damit auch die Augenmuskeln beteiligt sind. Sie sollten sich so fühlen, wie George Clooney aussieht. Vergessen Sie nicht: **Wenn Sie sich dabei nicht albern vorkommen, dann funktioniert das Lächeln nicht.** Und auch wenn es sich für Sie peinlich anfühlt, so ist es das keineswegs. Sie werden zufrieden und selbstsicher und glücklich wirken. Allen geht es damit besser – vor allem jedoch Ihnen. Und Sie mussten dafür nichts weiter tun, als glücklich zu sein.

Und sich dämlich vorzukommen.

Aber in erster Linie: glücklich zu sein.

Wie man den Mund hält

Beim *Esquire* gibt es jede Woche eine Besprechung, bei der sich Redakteure und Designer über den Status der aktuellen Projekte austauschen, sich für ihre Projekte starkmachen, aber auch die Verantwortung dafür übernehmen. Dabei sollten die Kommentare der Teilnehmer in erster Linie aus »ja« oder »am Mittwoch« oder »sieht gut aus« bestehen. Während meiner ersten Monate beim *Esquire* habe ich das nicht begriffen. Ich dachte, man müsse Anfragen ehrlich und umfassend beantworten. Wenn sich also jemand bei mir erkundigte, »Wie geht es mit der Story voran?«, dann erklärte ich den Stand ausführlich und entschuldigte mich und beantwortete Fragen, die gar nicht gestellt worden waren. Ich langweilte alle im Raum. Ich wusste nicht, dass ich einfach nur »bestens« sagen und dann den Mund halten sollte.

So redet man während eines Meetings:
1. Man schweigt.
2. Man schweigt.
3. Man sagt was.
4. Man schweigt.

Wenn Sie bereits den Mund geöffnet haben, dann beenden Sie Ihren Satz. Aber sofort danach gilt: Hören Sie auf zu reden. Halten Sie die Klappe. Sie reden und reden und glauben, das würde Ihren Kollegen zeigen, wie wertvoll Sie als Teammitglied sind. Aber das ist nicht der Fall. Sie lassen die anderen nicht zu Wort kommen und bereiten zudem den Boden, auf dem Sie sich zum Narren machen können. **Bei Sitzungen – vor allem bei wöchentlichen Sitzungen – beweisen Sie Ihren Wert durch Schweigen, nicht durch Aktion – beschränken Sie sich auf das, was Sie gesichert wissen, bringen Sie es auf den Punkt, und halten Sie anschließend den Mund.**

»Wie geht es damit voran?«

»Bestens.«

Fertig. Alle sind glücklich. Der Punkt kann abgehakt oder der nächste angegangen werden.

Falls es natürlich nicht bestens vorangeht, werden Sie irgendwann dafür bezahlen müssen. Sobald es ans Licht kommt, haben Sie ein Problem. Sagen Sie also nur »bestens«, wenn es tatsächlich sehr gut läuft oder wenigstens »ganz gut« oder wenn es auch einfach nur »läuft«. (Am Arbeitsplatz ist »bestens« ein linguistisches Chamäleon.)

Der Punkt ist der: Sorgen Sie dafür, dass es bestens läuft. Dann müssen Sie sich über nichts Sorgen machen.

Was Sie jedoch niemals tun sollten:

»Wie geht es mit dem Projekt voran?«

»Tja…«

Fangen Sie nie einen Satz mit »tja« an. Überlassen Sie das »tja« den Piloten. (»Tja, Leute, wir haben eben den

Wetterbericht vom Tower bekommen, und es sieht echt scheiße aus.«) Auf ein »tja« folgt nie und nimmer etwas Gutes.

»…ich habe mich mit…«

Niemanden interessiert, mit wem Sie was auch immer getan haben.

»…dem Team zusammengesetzt…«

Ach herrje, mit »dem Team«.

»…und wir sind zu dem Schluss gekommen…«

Großer Gott, wen interessiert's? Ich langweile mich ja schon, während ich das tippe.

Darum geht es Ihnen bei der Sitzung? Nur um Sie, Ihr Team, worüber Sie mit Ihrem Team diskutiert haben, wie es Ihrem Team geht, welche Träume Ihr Team hat. Na toll, was für ein großartiges Team! **Hier ein Test: Interessiert es Sie selbst, was Sie da sagen? Wenn nicht, dann halten Sie den Mund.** Hören Sie einfach auf zu reden. Mitten im Satz, wenn es sein muss.

Schweigen ist eine Tugend. Die am meisten unterschätzte Taktik am Arbeitsplatz besteht darin, nichts zu sagen.

Dinge, die man im beruflichen Umfeld niemals sagen sollte

Manchmal bekomme ich zu hören – meistens von Graphikdesignern, die auf eine Entscheidung von mir warten –, dass ich über alles viel zu viel nachdenke. »Ich glaube, Sie zerbrechen sich zu sehr den Kopf«, heißt es dann. Trotz der Tatsache, dass sie damit womöglich richtigliegen, möchte ich den Ausdruck »Sie denken zu viel darüber nach« aus dem Kanon der am Arbeitsplatz erlaubten Floskeln streichen. Man bestraft damit Leute, die sich engagieren, die versuchen, etwas Großartiges auf die Beine zu stellen. Ich glaube, dass Menschen, die anderen Menschen vorwerfen, sie würden zu viel über etwas nachdenken, einfach selbst nicht genug denken. Und das ist gedankenlos.

Hier ein paar Dinge, die man in einem professionellen Umfeld nicht sagen sollte:

➡ »Es tut mir leid.«

Sie können natürlich sagen: »Mir ist klar, dass es falsch war. Es wird nicht wieder vorkommen.« Sie können auf Anfrage erklären, was passiert ist. Aber Entschuldigungen gehören ins Privatleben. Entschuldigungen sind rein emotional. Wenn Sie das Problem einräumen und versichern, dass Sie es beheben werden, dann ist das professionell gesehen sehr viel wertvoller.

➡ »... ergibt das für Sie einen Sinn?«

Es gibt Leute, die das automatisch fragen, nachdem sie ein Argument vorgetragen haben. Wenn Sie das fragen müssen, dann verstehen Sie entweder selbst nicht, was Sie gesagt haben, oder Sie haben sich selbst nicht zugehört und wollen es sich jetzt von Ihrem Gegenüber wiederholen lassen.

➡ »Es ist, wie es ist.«

Ja, aber wie ist es? Wenn Sie dieser Aussage zu ihrem logischen Ende folgen, stehen Sie zu guter Letzt mit einer Zigarette im Mundwinkel an einer Klippe, von der Sie gleich herunterstürzen werden. Diesen Spruch darf keiner von uns jemals wieder sagen. Er ist völlig sinnentleert. Er ist ein Mantra für Idioten.

➡ »Alles hat seinen Grund.«

Siehe hierzu: »Es ist, wie es ist.«

➡ »Lassen Sie uns rasch ein Käffchen trinken.«

Lassen Sie uns rasch einen Kaffee trinken. Lassen Sie uns schnell einen Happen einwerfen. *Darf ich Sie mir mal für fünf Minuten ausleihen?* Das hängt dann wohl davon ab, was Sie in diesen fünf Minuten mit mir vorhaben. Soll es ein Quickie werden? Darf ich Sie mir dann meinerseits auch irgendwann kurz ausleihen? Alles muss immer *husch-husch* gehen, als ob Sie es nicht wert wären, dass man sich auf Sie konzentriert. Es bleibt unverbindlich. Wir sollten uns aber Zeit nehmen. Zeit für das Mittagessen. Zeit für das Gespräch. Zeit für den Kaffee.

➡ »Ich hatte heute Nacht diesen Traum.«
Lassen Sie mich raten: Wir kamen beide darin vor – es war, als seien wir bei der Arbeit, nur dass wir nicht wirklich bei der Arbeit waren, und da war dieser klein gewachsene Mann, eigentlich kein Zwerg, nur sehr klein, und er hielt einen Kuchen in den Händen, und dann sagte der Kuchen ... also, ich habe vergessen, was er gesagt hat ... aber Taylor Swift kam auch drin vor ...

Das Erzählen von Träumen ist das Drittlangweiligste, worüber man reden kann – gleich nach dem neuen Java-Script-Update und einem wirklich schlimmen Kater. Wo wir gerade von Kater sprechen ...

➡ »Ich habe einen üblen Kater ...«
Niemand will etwas über Ihren Kater hören. Niemand. Sie wollen auch nichts von Ihrem Kater hören.

➡ »Ich finde ...«
Bei der Arbeit dürfen Sie denken. Aber nicht finden.

➡ »Hören Sie auf, mir zu sagen, ich würde mir darüber zu sehr den Kopf zerbrechen.«
Was Sie vermutlich tun.

»Will noch jemand einen Wodka?«

Wie man ein wichtiges Mittagessen in einem schicken Restaurant voll wichtiger Leute führt

Bei meinem ersten Lunch im *Four Seasons* an der Zweiundfünfzigsten Straße mitten in Manhattan sollte mein erster Jahrestag beim *Esquire* gefeiert werden. Nur mein Chef und ich.

Das *Four Seasons* ist *das* althergebrachte Restaurant für wichtige, althergebrachte Mittagessen von althergebrachten Medienleuten. Es ist muffig. Man bekommt dort ziemlich gutes Essen. Von der Decke hängt irgendwelches goldenes Zeugs. Es hat alles, was wichtige Menschen für ihr Mittagessen brauchen.

Die Inneneinrichtung ist ziemlich speziell: Entlang der Wände ziehen sich lange Reihen von Bänken mit Tischen, von denen man auf die Tische mit Stühlen in der Mitte des rechteckigen Restaurants sehen kann. Dazu gibt es noch eine Empore mit Tischen, von denen man ebenfalls auf die Tische in der Mitte blicken kann. Man findet dort also wichtige Leute auf Bänken, die auf wichtige Leute in der

Mitte des Raumes starren, und alles geschieht unter den Blicken der wichtigen Leute oben auf der Empore.

Nachdem mein Chef und ich uns an einem der Bank-Tische an der Wand niedergelassen hatten, bemerkte ich die Mediengrößen Lou Dobbs und Jack Cafferty am Tisch neben uns. Beide arbeiteten zu der Zeit für CNN. Das Interessante an den Bankplätzen war: Alle schauten in dieselbe Richtung. Stellen Sie sich Lou Dobbs und Jack Cafferty in einem Geländewagen vor, wie sie auf eine Herde Rinder schauen. Genau so sahen sie bei ihrem Essen im *Four Seasons* aus. So sahen auch mein Chef und ich aus. So sehen mehr oder weniger alle aus. Man wirft ein Auge auf seinen Begleiter und das andere Auge auf alle anderen Anwesenden.

Das Problem bei einem wichtigen Mittagessen (besonders bei einem Jahrestag-Mittagessen) ist: Man kennt die Spielregeln nicht. Spricht man sofort über das Geschäftliche? Schließlich ist das ja ein Geschäftsessen. Spricht man über das Privatleben, wie man es bei Mahlzeiten normalerweise tut? Andererseits ist es ja ein Geschäftsessen. Weist man darauf hin, dass ein paar Tische weiter Martha Stewart sitzt? Erkundigt man sich, ob es sich bei dem Zeugs an der Decke um echtes Gold handelt? Darf man Alkohol trinken? (Habe ich das laut gesagt?)

Nachdem ich nunmehr schon einige Geschäftsessen hinter mir habe, kann ich Ihnen versichern: Ein Mittagessen ist wie ein Date, das irgendwann ernst wird. Man plaudert eine Weile ungezwungen, isst, und dann redet man übers Geschäft. Was die Frage aufwirft: Warum geht man nicht einfach nur etwas trinken? Oder trifft sich für eine Viertelstunde auf einer Parkbank? Wollen wir wirklich zusehen, wie sich Kollegen und Geschäftspartner Essen in den Mund stopfen? Wollen wir uns tatsächlich auf die Zeitspanne einlassen, die es dauert, um eine Mahlzeit zu uns zu nehmen? Nach jahrelangen Beobachtungen und Felderfahrungen habe ich meinen eigenen Ratgeber für Geschäftsessen entwickelt.

»Möchten Sie etwas trinken?«: Wenn der Kellner fragt, ob Sie vor dem Essen etwas trinken wollen, und Sie zu gern etwas trinken würden, tun Sie das trotzdem nur, wenn der wichtige Geschäftspartner, mit dem Sie beim Essen sind, ebenfalls etwas trinkt. Ansonsten bestellen Sie Sodawasser. Sodawasser ist im Grunde Wasser, das Spaß macht. Und der Spaß bei Sodawasser ist der, dass Ihr Begleiter nun weiß, dass Sie auch Alkohol trinken würden, sollte er sich etwas in der Art bestellen. Sodawasser kann man zu jedem alkoholischen Getränk trinken, Sie können also problemlos etwas dazubestellen.

Gelegentlich schlägt jemand Wein zum Essen vor. Oder einen Aperitif. Wenn Sie nichts trinken wollen, dann trinken Sie auch nichts. Falls das Ihre Begleitung vor den Kopf stößt, dann ist das ein Hinweis darauf, dass Ihr Gegenüber unvernünftig und aggressiv ist, und das ist ein weitaus größeres Problem als die Getränkesituation. Sagen Sie einfach nur: »Ich möchte nichts trinken.« Drucksen Sie nicht herum. Entschuldigen Sie sich nicht. Seien Sie weder geknickt noch feindselig. »Ich möchte nichts trinken.«

Leute, die an den Tisch kommen, um kurz Hallo zu sagen:
Lassen Sie sich nicht von den vielen Leuten beunruhigen,
die an Ihren Tisch treten, um die wichtige Person in Ihrer
Begleitung zu begrüßen. Diese Leute werden lächeln und
Smalltalk machen und über Dinge lachen, die gar nicht
lustig sind. Dabei handelt es sich um die erfolgsstimulierte
Persönlichkeits-Störung (ESPS), unter der neunzig Prozent
der Reichen und Mächtigen leiden. Bei einem ESPS-Be-
troffenen herrscht eine Diskrepanz zwischen dem, was tatsächlich gesagt wurde, und dem, wie er emotional darauf
reagiert. Sie werden außerdem keine seiner Andeutungen
verstehen. Ein solches Gespräch könnte wie folgt verlaufen:

Ihr Begleiter: *Hallo* [Person, die etwas weniger wichtig ist
    als die wichtige Person, in deren Begleitung Sie sich be-
    finden]!
**[Wichtige Person, die sich nicht für weniger wichtig als
    Ihre Begleitung hält]**: *Sie sehen gut aus! Ha-ha-ha.*
Ihr Begleiter: *Ja! Ha-ha-ha.*
[Weniger wichtige Person schaut zu Ihnen, blinzelt]:
    Hallo, ich bin [etwas weniger wichtige Person].
Sie: *Es freut mich, Sie kennenzulernen.*
**[Weniger wichtige Person blinzelt erneut, schaut wieder
    zu wichtigerer Person in Ihrer Begleitung.]**
Weniger wichtige Person: *Wie geht es* [Spitzname eines
    Menschen, den Sie nicht kennen]?
Ihr Begleiter: *Sie hält sich wacker. Sehen wir uns im Som-
    mer in* [irgendein angesagter Ferienort der Schönen und
    Reichen]?

Weniger wichtige Person: *Nein, wir fahren dieses Jahr nach* [anderer angesagter Ferienort der Schönen und Reichen].

Ihr Begleiter: *Dort soll es ja sehr nett sein, wie ich höre. Vor allem die Sonnenuntergänge. Ha-ha-ha.*

Weniger wichtige Person: *Tja, schön, Sie wiedergesehen zu haben. Ich muss jetzt zurück zu* [irgendein Kerl, der an einem der Tische auf das Display seines Handys starrt].

Irreführende Gerichtsbezeichnungen auf der Speisekarte…

»Sir, ich möchte Sie darauf hinweisen, dass es sich bei dem Lachs-Tartar um ein Püree aus Lachseiern handelt, und der Salat ist ein Endivienblatt an Himbeeressenz.«

Kaltschale: Wichtige Menschen mögen Kaltschalen. Dabei handelt es sich im Grunde um einen Smoothie, der in einen Suppenteller umgefüllt wurde.

Wann man auf das Geschäftliche zu sprechen kommt: Wenn Sie Ihrer wichtigen Begleitung etwas zu sagen haben, dann warten Sie nicht bis zum Ende der Mahlzeit. Aber warten Sie wenigstens, bis das Essen eingetroffen ist. **Bei einem Geschäftsessen sollte man zwischen Hauptgang und Dessert auf die wesentlichen Dinge zu sprechen kommen. Das ist die längste Zeitspanne, in der Sie kein Kellner stört.** Das Gespräch wird ungefähr so verlaufen:

Belanglosigkeit.
Belanglosigkeit.
Belanglosigkeit.
Substanzielles.
Belanglosigkeit.
Peinlicher Augenkontakt mit Lou Dobbs.
Belanglosigkeit.
Die Rechnung, bitte.

Wenn Sie etwas Wichtiges zur Sprache bringen wollen, wenn Sie unglücklich wegen etwas sind, wenn Sie einen neuen Verantwortungsbereich übernehmen möchten, wenn Sie einen ganz konkreten Punkt ansprechen wollen, dann tun Sie es jetzt. Das ist der beste Moment dafür. Ihr Begleiter kann nicht weg und ist vermutlich bereits ein wenig angetrunken. Das ist Ihre Chance.

Die Rechnung: Wenn Sie ein Kunde Ihrer Begleitperson sind, wird der andere vermutlich die Rechnung übernehmen. Dennoch sollten Sie so tun, als wollten Sie zahlen.

Wenn es sich bei Ihrem Begleiter um einen Bekannten von vergleichbarem gesellschaftlichen Status handelt, dann bezahlt derjenige, der die Einladung ausgesprochen hat. Aber der andere sollte dennoch so tun, als wolle er zahlen.

Wenn Sie mit Ihrem Chef zum Essen waren, um Ihr einjähriges Firmenjubiläum zu feiern, dann bezahlt selbstverständlich er, und es wäre albern, wenn Sie nach Ihrem Geldbeutel griffen. Sie wissen ja beide, wer die Rechnung übernimmt. Falls Sie dennoch Anstalten unternehmen, um zu zahlen, wird Ihr Chef Sie ansehen, als hätten Sie den Verstand verloren. (Glauben Sie mir, ich weiß, wovon ich rede ...)

Noch mehr Regeln für Geschäftsessen

Reservieren Sie! Wirklich immer! Auch wenn Sie in Restaurants essen, bei denen Sie ganz sicher sind, einen Platz zu bekommen.

Wenn Sie zu zweit an einem Vierer-Tisch Platz nehmen, dann setzen Sie sich nebeneinander, nicht einander gegenüber. Bei einem Geschäftsessen ist Nähe das A und O. Möglicherweise sprechen Sie ja über geheime Interna. Ich weiß, Sie sind es gewohnt, Ihrem Gesprächspartner stets gegenüberzusitzen, und alles andere kommt Ihnen merkwürdig... nah vor. Aber die Vorteile werden sich Ihnen umgehend erschließen. Und wollen Sie Ihrem Gegenüber wirklich auf die Gabel starren, während er isst? Oder von ihm angestarrt werden?

Keine roten Soßen.

Keine Burger.

Keine Burger mit roter Soße.

Nichts, was man typischerweise mit den Händen isst: Burritos, Burger, Rippchen, Tacos, Sandwiches.

Sie möchten Suppe essen? Essen Sie Suppe.

Sie möchten den Löffel von vorn an den Mund führen

und nicht seitlich, trotz gegenteiliger Anweisung diverser Suppen-Etikette-Führer? Dann tun Sie es.

Nichts, was als »buntes Allerlei« bezeichnet wird. Das dauert zu lange.

Kein Osso buco und keine Lasagne. Das dauert zu lange.

Nichts, was immer in den Zahnzwischenräumen landet: Spinat, Brokkoli, Mohn, Brombeeren.

Nichts, was spritzt, wenn man draufdrückt: Ravioli, überbackene Tomaten, Hummer, Klöße.

Achtung: Falls Sie von Ihrem Essen angespritzt wurden, wirkt eine Zitronenscheibe wahre Wunder.

Überlegen Sie nicht länger als zwanzig Sekunden, was Sie bestellen wollen. Werfen Sie einen Blick auf die Speisekarte, und bestellen Sie das Erste, das Ihnen halbwegs Appetit macht.

Wenn auf Ihrem Teller weitaus mehr Essen liegt als auf den Tellern aller anderen, dann reden Sie zu viel.

Wenn Sie vor allen anderen fertig sind, müssen Sie mehr reden.

Lassen Sie den Nachtisch aus.

Und bitten Sie zeitgleich mit dem Espresso um die Rechnung.

Zu guter Letzt: Ignorieren Sie die eben angeführten Regeln, falls Sie sich bei deren Umsetzung unwohl fühlen. Bestellen Sie, was Sie wollen, trinken Sie, was Sie wollen. (Achtung: Ein Drink verbessert die Arbeit, die Sie nach dem Mittagessen angehen. Zwei Drinks verschlechtern sie. Drei Drinks sorgen dafür, dass Sie nach dem Essen gar nichts mehr gebacken kriegen.) Aber tun Sie alles effizient, damit der Ablauf des Mittagessens nicht den Zweck behindert, und dieser besteht darin, mit interessanten Menschen interessante Gespräche zu führen.

Wie man smalltalkt

Ich bin kein großer Smalltalker. Aber meine Anfangsjahre in New York waren angefüllt mit Smalltalk. Jeder, den ich traf, war ein Fremder. Auf Partys kannte ich niemanden.

Ich begegnete vielen Leuten, deren Arbeit ich kannte und bewunderte – Schriftsteller, Schauspieler –, aber der Versuch, mich mit ihnen zu unterhalten, war brutal. Mein Problem war nicht, dass ich keine Silbe hervorbrachte, mein Problem war, dass ich merkwürdiges Zeugs daherredete.

»Sie waren einfach großartig in A Serious Man.*«*

Oscar-nominierter-wenn-auch-noch-weitgehend-unbekannter Schauspieler: »In dem Film habe ich nicht mitgespielt.«

»Oh.«

Ich kann das nicht besonders gut. Immer noch nicht, aber nachdem ich in den letzten zehn Jahren in vielen Smalltalk-Situationen steckte, bin ich schon etwas besser geworden. Zumindest verstehe ich jetzt das Konzept besser.

In jeder Smalltalk-Situation sollte man sich als Erstes klarmachen, dass wir in einer Gesellschaft, einer menschlichen Gemeinschaft leben. Und als Teil dieser Gesellschaft haben wir miteinander ein Abkommen getroffen, etwas zu sagen, wenn es peinlich wäre, nichts zu sagen. Dieses Abkommen beschert uns durchaus auch großartige Informationen – wir wissen dadurch beispielsweise, ob wir einen Schirm brauchen, wenn wir das Haus verlassen, und… Sie wissen schon… alles, was mit der Zivilisation zusammenhängt. Menschen, die nicht miteinander reden, wenn sie beisammenstehen, unterscheiden sich nicht von Pinguinen auf einer Eisscholle – eng an eng, aber mehrheitlich stumm. Und was sind schon Pinguine? Okay, es sind edle und anbetungswürdige Tiere, aber sind deren gesellschaftliche Gepflogenheiten wirklich besser als die unseren?

Denken Sie an die Studie über Pendler, die Psychologen der University of Chicago im Jahr 2014 durchgeführt haben. Bei einem der Experimente bat man einen Teil der Bahnpendler, mit einem Fremden ein Gespräch anzuknüpfen, eine andere Gruppe sollte allein und schweigend für sich sitzen. Hinterher berichteten diejenigen, die sich unterhalten hatten, wie angenehm die Fahrt war. Bei einer Umfrage unter Pendlern im Rahmen der Studie zeigte sich, dass sie zwar gern mit anderen reden würden, aber meistens glaubten, die anderen wollten nicht mit ihnen reden. Im Ergebnis belegt diese Studie die sogenannte »pluralistische Ignoranz« – wir verhalten uns in sozialen Situationen genauso wie alle anderen, weil wir fälschlicherweise glauben, allen anderen wäre das so lieber. Aus diesem Grund gehen wir an Menschen auf der Straße einfach vorbei, obwohl sie so aussehen, als könnten sie Hilfe gebrauchen. Und deshalb unterhalten wir uns auch nicht in Aufzügen, auch wenn wir Lust dazu hätten. Die Studie zeigt, dass wir nicht mit Fremden reden, *obwohl* wir das im Grunde gern tun würden. Wenn wir uns im beruflichen Umfeld also von irgendetwas leiten lassen wollen, dann doch von diesem Gedanken.

Zweitens: Wenn Sie nicht neugierig sind, funktioniert Smalltalk nicht. Also seien Sie neugierig. Es versteht sich von selbst, dass Sie Blickkontakt herstellen und lächeln sollten. Das lässt nämlich auf Neugier schließen. Machen Sie eine Bemerkung zu etwas, das eindeutig interessant, aber nicht allzu persönlich ist – beispielsweise zu der großen Schachtel, die Ihr Gegenüber im Arm hält, oder zu dem seltsamen Geräusch aus dem Nebenraum. Verraten Sie etwas über sich selbst. Und *hören Sie zu*. Es ist erstaunlich, wie selten ich früher zugehört habe, wenn andere redeten. Heute bemühe ich mich aufrichtig, anderen zuzuhören. Es ist, als hätte ich den Lautstärkeregler hochgedreht oder würde jetzt ein Hörgerät tragen oder hätte mir eine Seele zugelegt. Zuhören ist ein gutes Hilfsmittel. Wenn Sie zuhören, treten Sie in eine neue Dimension der Unterhaltung ein. Diese Art von Präsenz ist hilfreich für den Smalltalk, sie vertieft oberflächliches Geplapper. Dabei entdecken Sie Nuancen, die zu neuen, interessanten Gesprächsebenen führen. Und daraus entstehen dann die echten Gespräche…

Bei echten Gesprächen verbindet sich die Seele des Menschen mit seinem beruflichen Selbst. Das kann auf einer Tagung passieren, in einem Konferenzzimmer, überall. Es muss nur ein Funke von Menschlichkeit entfacht werden. Bei echten Gesprächen geht es um Beobachtungen, nicht um Berichte, darum, wie der Urlaub wirklich war, nicht »Wie war Ihr Urlaub? Gut. Was jetzt die P-32-Lieferung angeht…« – es geht um Ideen, nicht um Dinge.

(Anmerkung: Tiefgründige Gespräche sind allerdings nicht ratsam. Wenn man in die Tiefe geht, unterhält man sich plötzlich über die Separatistenbewegung in der Ukraine oder jenen bedauerlichen Seitensprung in den Neunzigern. Was zu allzu persönlichen Gesprächen führt, und diese sind dann doch zu intim für das berufliche Umfeld.)

Eine Liste von Smalltalk-Themen für Leute, die Smalltalk hassen

Kleine Hunde. Beispielsweise Pinscher, Malteser, Terrier mit seidigem Fell.

Das Wetter an einem anderen Ort als dem, an dem Sie sich gerade befinden.

»Was erhoffen Sie sich für _____?« (Das kann ein Projekt sein, das gerade läuft, oder der Rest des Abends.)

»Warum haben Sie sich gerade für diesen Drink entschieden?« (Das führt unweigerlich zu einem interessanten Gespräch. Für einen Artikel über das Trinken in Bars habe ich einmal eine Journalistin/Kellnerin gebeten, ihre Kunden zu fragen, warum sie sich ausgerechnet für den Drink entschieden haben, den sie bei ihr bestellt hatten. Wir lernen dabei eins: Der Drink korrespondiert immer mit der Stimmung, in der sich eine Person an diesem Tag befindet, und die Leute reden wirklich gern darüber, was für einen Tag sie hatten.)

Woher der Nachname Ihres Gegenübers kommt.

Etwas, was Sie nicht können. (Beispielsweise Ihre Unfähigkeit, leckeres Finger Food zuzubereiten.)

Die Tatsache, dass so gut wie jede Männermode von Jagd- oder Militärbekleidung inspiriert wurde. (Fakt.)

Die künstlerischen Aspekte des Teppichs in diesem Raum.

Dass Gläser nicht festkleben, wenn man Salz auf die Untersetzer streut. (Fakt.)

Ein Kompliment.

Ihre anstehende Urlaubsreise.

Pinguine. Ehrlich, die stehen einfach nur so herum!

Über den Smalltalk als solchen.

Wie man ein kurzes, aber bedeutsames Gespräch in einem Fahrstuhl führt

Die Fahrstühle in Gebäuden, in denen Journalisten arbeiten, bilden stets eine Bühne unvergleichlich unterhaltsamer Gespräche.

Medienschaffende sind von Natur aus bipolar, soweit es die Ebene des verbalen Austauschs betrifft. Wenn wir nicht gerade unsicher oder auf der Hut sind, neigen wir zum Überschwang. Es wird viel geredet. Und die Gespräche bewegen sich oft in eine Richtung, bei der eindeutig eher Diskretion angesagt wäre. Aber anstatt das Gespräch zu unterbrechen, bis wir wieder unter vier Augen sind, flüstern wir einfach.

»Hast du mit ihm geredet?«

»Oh ja.«

»Und?«

»Und die Sache ist die, er sagte: ›Hören Sie, ich weiß nicht, wie es mit mir weitergehen soll. Ich bin nach der Trennung immer noch total am Boden.‹ Und dann sagte er doch tatsächlich, ›Sie sind ein wenig aufdringlich.‹ Ist das zu glauben?!«

Das stresst mich. Schon allein der Gedanke stresst mich. Wenn ich vor einer Aufzugtür warte, dann fühle ich mich wie Atréju, der sich in *Die unendliche Geschichte* dem südlichen Orakel nähert.

Stimmt doch.

Für all jene Leser, die nicht Mitte der achtziger Jahre die Schule besucht haben: *Die unendliche Geschichte* ist ein Fantasy-Film aus dem Jahr 1984, in dem ein Junge namens Atréju sich aufmacht, das »Nichts« zu besiegen. Unterwegs kommt er zum südlichen Orakel. Er muss durch ein Tor, das von zwei riesigen, kauernden Sphinxen mit Klauen, Flügeln und Augen, aus denen tödliche Laserstrahlen schießen, bewacht wird. Genau so fühle ich mich in gesellschaftlichen Situationen – vor allem aber, wenn ich vor Aufzügen stehe.

Wann werden sich die Türen öffnen? Wer wird sich in der Aufzugkabine befinden? Kommt noch jemand anders und wartet mit mir auf den Aufzug? Werde ich mit *dieser* Person reden müssen? Wird das womöglich mein Chef sein? Wird es sonderbar werden?

Und wenn ich den Aufzug betrete, muss ich dann Smalltalk betreiben? Wenn ja, wie schaffe ich das? Warum steht Larry *mitten* in der Kabine? Wieso tut er das?

Hallo, Alter!
Hallo, Larry.
Schon Pläne fürs Wochenende?

Eigentlich nicht.
Wenigstens ist heute Freitag!
Heute ist Donnerstag.

Es ist also wie in *Die unendliche Geschichte* – nur dass es anstatt einer riesigen, geflügelten Kreatur, die halb Frau und halb Löwin ist und aus deren Augen tödliche Laserstrahlen schießen, ein lockerer Typ ist, der Crocs trägt.

Die Sache ist jedoch die: Ich war es, der die Situation angespannt machte, nicht Larry. Larry ist optimistisch. Larry ist gesellig. Larry weiß etwas, was mir noch extrem schwerfällt:

Ein Aufzug ist ein Gefängnis mit Möglichkeiten.

Er bietet die Möglichkeit, jemandem ein Kompliment zu machen, eine unverfängliche Bemerkung zu äußern, darauf hinzuweisen, dass Sie mit der Person, mit der Sie im Aufzug fahren, etwas gemeinsam haben – oder einfach über das Wetter zu reden. (**Das Wetter ist überhaupt kein langweiliges Smalltalk-Thema. Nichts beeinflusst ausnahmslos jeden Menschen in Ihrer Umgebung auf genau dieselbe Weise zu genau derselben Zeit wie das Wetter. Es ist unser aller Gemeinsamkeit. Für Gesprächsführungen ist das Wetter ein Geschenk.**)

Wenn Sie an Ihrer Arbeitsstelle mit jemandem, den Sie kennen, im Aufzug fahren, dann ist Smalltalk zwingend notwendig. Über alles, nur nicht über die Arbeit.

(Wir wollen uns jetzt alle vornehmen, niemals die Worte »Ich habe übrigens Ihre E-Mail bekommen« in einem Aufzug auszusprechen.)

Betrachten Sie alle Leute im Aufzug als Menschen, die sich auf einer Reise befinden, nicht einfach als Humanoide, die transportiert werden. Das funktioniert in jeder Smalltalk-Situation. Jeder hier ist auf dem Weg zu etwas Interessanterem.

Aber was wäre, wenn Sie *das hier* interessant machen könnten – wenn Sie diese Begegnung in etwas Menschliches und Bedeutsames verwandeln könnten? Diesen Moment, bevor die Sitzung beginnt, dieser alberne Umtrunk auf der Tagung, diese Fahrt im Aufzug?

Jetzt kommen wir der Sache schon näher.

Wie man jemandem etwas verkauft

In meinem Job muss ich oft Dinge an den Mann oder an die Frau bringen. Manchmal bin ich es, dem etwas »verkauft« wird, dann wieder agiere ich als »Verkäufer«. Häufig wechselt sich das innerhalb ein- und derselben geschäftlichen Beziehung ab. Heute rufe vielleicht ich einen PR-Agenten an und schlage ihm vor, dass seine Klientin ihr nächstes, großes Interview mit uns führen sollte, doch er weist mich ab. Zwei Monate später bekomme ich vom selben PR-Agenten einen Anruf, und nun bittet er mich, ob der *Esquire* nicht ein Interview mit seiner Klientin bringen möchte.

Bei diesen Telefonaten wird nicht lange um den heißen Brei geredet. Wir kommen gleich zum Punkt, denn wir wissen, was auf dem Spiel steht. Die Vor- und Nachteile, wenn seine Klientin in unserem Magazin erscheint, liegen klar auf der Hand. Jetzt geht es nur noch darum, wie viele Seiten das Interview umfassen soll, wird es ein Fotoshooting geben, wird das Interview persönlich oder am Telefon geführt, wie viel Zeit haben wir dafür, und wann genau wird das Interview veröffentlicht? Ich könnte ein absolutes Arschloch sein, aber wenn die Rahmenbedingungen für ihn stimmen, dann sagt er vermutlich zu.

Ihr Gesprächspartner sagt zu, weil es sich mit seinen Plänen deckt. Diese Deckungsgleichheit mit den Plänen des Gegenübers wird oft unterschätzt. Nicht *Sie* haben das Sagen. Die Pläne haben es.

Ratschläge, wie man am besten etwas verkaufen kann, drehen sich meistens um Inhalte. Man soll sein Zielpublikum kennen, das Verkaufsgespräch im Voraus ausarbeiten, üben-üben-üben, mit Kritik rechnen, Antworten auf Rückfragen kurz halten und dann sofort wieder zur eigenen Botschaft übergehen. Das sind zweifelsohne alles gute Ratschläge, aber ein Verkaufsgespräch kann noch so gut sein – vielleicht sogar das beste, das es je gab –, aber wenn das, was verkauft werden soll, sich nicht mit den Plänen dessen deckt, an den es verkauft werden soll, dann wird nichts daraus.

Das ist der erste der drei Faktoren, die Ihre Angst nach oben schnellen lassen sollten.

Der zweite Faktor ist die Tatsache, dass Sie an das, was Sie da an den Mann bringen wollen, wirklich glauben müssen.

...

Was soll das heißen, Sie sind sich nicht sicher, ob Sie daran glauben? Natürlich glauben Sie daran! Ihre Idee wird alles verändern. Sie wird Preise gewinnen. Sie wird Leben verändern.

Selbstverständlich.

(Anmerkung: Wenn ich Sie nicht davon überzeugen

konnte, dass Sie tatsächlich an Ihre Idee glauben, dann haben Sie ein weitaus größeres Problem als nur das anstehende Verkaufsgespräch. Mein Vorschlag lautet: Ziehen Sie los, und suchen Sie sich etwas, an das Sie glauben. Ihre Karriere ist zu kurz für lasche Verkaufsgespräche.)

Und so können Sie eine Idee verkaufen, an die Sie glauben:
Reden Sie.
Reden Sie. Wenn Sie mir auch nur entfernt ähneln, dann beschreibt man Sie gemeinhin nicht als »überschäumend vor Lebensfreude« – also müssen Sie den Einsatz ein wenig erhöhen. Ich weiß. Für uns, die wir eher zurückhaltend sind, fühlt sich das wie ein Betrug an unserer Seele an. Aber das ist es nicht. Weil nicht *Sie* es sind, der hier wichtig ist. Die Idee ist es. Also schalten Sie einen Gang höher. Ich rede hier nicht von Leidenschaft. Ich rede von Eifer.
Weil Sie daran *glauben*.
Amen?
Amen.
(Halleluja.)

Für meine Kolumne im Magazin *Entrepreneur* befrage ich häufig Risikokapital-Anleger. Der Rat, den diese Menschen den Unternehmern, die sich an sie wenden, geben, lautet wie folgt: Erstens, weisen Sie auf die Probleme hin. Zweitens, bieten Sie eine Lösung an. Drittens, erklären Sie, warum Ihre Lösung besser ist als die aller anderen. Viertens, erläutern Sie, warum Sie (oder wen immer Sie vertreten) gerade an dieser Lösung so lange gearbeitet haben.

Das Verkaufsgespräch ist nur der Mittelteil einer langen Geschichte. Der Anfang ist alles, was bis zu diesem Augenblick geführt hat. Das Ende der Geschichte ist das, was passiert, nachdem Sie Ihre Idee verkaufen konnten. Das Verkaufsgespräch selbst ist der Schlüssel. Ihr Publikum ist Teil der Geschichte.

Hier nun ein Test, mit dessen Hilfe Sie herausfinden können, ob Sie ein solides Verkaufsgespräch führen können.

Schauen Sie in den Spiegel, und verkaufen Sie Ihre Idee an sich selbst.

(Anmerkung: Der Blick in den Spiegel ist dabei nicht zwingend notwendig. Eigentlich ist es sogar besser, das nicht vor einem Spiegel zu tun.)

Stellen Sie sich während dieses Verkaufsgesprächs an sich selbst die eine, alles entscheidende Frage: Langweilen Sie sich? Wenn Sie nämlich gelangweilt sind, wird derjenige, dem Sie Ihre Idee verkaufen wollen, *erst recht* gelangweilt sein. Und wenn Sie gelangweilt sind, dann wahrscheinlich deshalb, weil Sie den Punkt, um den es geht, zu tief vergraben haben. Das entscheidende Verkaufsargument sollte ungefähr fünfzehn Sekunden dauern. Eine alte Binsenweisheit besagt, dass man jede Idee im Laufe einer einzigen Fahrt mit dem Aufzug verkaufen kann. Das stimmt. Selbst wenn Sie nur ein Stockwerk nach oben fahren.

Es gibt noch etwas, das Ihre Angst mindert und Sie bei Verkaufsgesprächen besser werden lässt: **Jeder im Raum will, dass Sie Erfolg haben.** Alle wünschen sich, dass sie ihre Zeit nicht mit Ihnen vergeuden. Das bedeutet, Sie spüren sofort, wenn es nicht funktioniert. Wenn Ihr Verkaufsgespräch nicht zündet, merken Sie das. Die Latte hängt unglaublich niedrig, und alle wünschen sich, dass Sie Ihre Sache gut machen. Wenn nichts zurückkommt, und Sie nicht noch etwas draufsetzen können, dann ist es gelaufen. Wenn es dagegen gut ankommt, erhalten Sie auch positive Reaktionen, und sei es nur eine gehobene Augenbraue oder ein leichtes Nicken mit dem Kopf.

Für ein erfolgreiches Verkaufsgespräch braucht es festen Glauben, Kürze und genug Begeisterung, um Interesse zu wecken, aber auch nicht so viel, dass aus dem Interesse die Sorge um Ihr emotionales Befinden wird. Wenn Sie an das glauben, was Sie sagen, dann ist der Rest leicht. Wenn Sie nämlich an Ihre Sache glauben – *wirklich* glauben –, dann müssen Sie nur noch reden.

Ein paar Gedanken zum Thema Leidenschaft

Eine geschäftliche Tugend, die im 21. Jahrhundert allgemeine Anerkennung findet – vor allem unter Leuten, die für gewöhnlich etwas an den Mann oder die Frau bringen müssen –, ist: Leidenschaft.

Intensität, das verstehe ich ja noch. Aber Leidenschaft?

Manche von uns reagieren nicht so gut auf extreme Leidenschaft. Wir sind Skeptiker. Und Fanatiker gehen uns unweigerlich auf den Geist: »Warum hören Sie nicht einfach zu?!«, rufen die Euphoriker. Tja, offen gestanden, bei so viel Leidenschaft fällt das Zuhören schwer.

Das Problem mit der Leidenschaft ist, dass sie Ihre Botschaft umnebeln und Ihre Mission so sehr überschatten kann, dass gar nicht mehr klar ist, was genau Sie eigentlich an den Mann bringen wollen.

Es ist eine Sache, bei einer Sitzung eine Idee vorzustellen. Es ist eine ganz andere, wenn man ruft: »Okay, Leute, hört gut zu! Wir machen jetzt Folgendes …« Sonst klingen Sie noch wie ein Schausteller auf dem Jahrmarkt.

Je leidenschaftlicher Sie sind, desto weniger professionell wirken Sie – und desto weniger menschlich. Irgendwann überschattet die Leidenschaft die Menschlichkeit, die sie doch gerade zum Ausdruck bringen will.

Es gibt jedoch eine Möglichkeit, leidenschaftlich aufzutreten, ohne verrückt zu wirken. Es hat mit einem Phänomen zu tun, von dem kein Experte dieser Welt auf den Gedanken käme, es BZB zu nennen, also »begeistern, zügeln, begeistern«. Das tritt dann auf, wenn Sie hin und wieder – dafür aber umso deutlicher – Ihre Leidenschaft mit einer Prise Selbstironie unterminieren. Wenn Sie also leidenschaftlich Ihr Produkt, Ihre Idee oder Ihren Geschäftsplan anpreisen, sollten Sie die Begeisterung herunterschrauben, um bei Ihrem Publikum nicht den Eindruck zu erwecken, dass Sie sich auf einem Kreuzzug befinden, um jedermann von Ihrer Brillanz zu überzeugen. Auf der Autobahn der Begeisterung sollten Sie also gelegentlich einen Stopp einlegen, sich die Beine vertreten, eine kurze Pinkelpause machen, sich eine Tüte Chips kaufen. Entspannen Sie sich und genießen einfach die Aussicht. Wenn Sie also eingestehen – und sei es auch nur andeutungsweise –, dass Ihre Idee nicht allzu fantastisch, nicht gottgegeben ist, sondern nur eine von vielen brillanten Ideen im Universum, dann wird sie damit umso verlockender. Sie platzieren Ihre Idee in einem vernünftigen Kontext – damit wird sie geerdet, und man kann abschätzen, was nötig ist, sie abheben zu lassen.

Wie man Hände schüttelt
(mit Kanye West)

Der beste Händeschüttler, dem ich je begegnet bin, war Kanye West. Es war im Juli 2011 im Nassau Coliseum auf Long Island, backstage bei einem Rihanna-Konzert. Ich wurde ihm vorgestellt, und er schüttelte meine Hand mit den Worten: »Ich bin Kanye. Ihr Magazin gefällt mir.«

Was ist hier geschehen?

[West streckt die Hand aus] »Ich bin Kanye.« [schüttelt meine Hand] »Ihr« [schüttelt] »Magazin« [schüttelt] »gefällt« [schüttelt] »mir« [schüttelt].

Bedenken Sie, dass trotz der übermittelten Information die Zeitdauer von einer Sekunde nicht überschritten wurde.

Ihr Magazin Gefällt Mir. Schüttel.

[Dieses Händeschütteln mit gleichzeitigem Kompliment verdient es wirklich, als *Kanye-West-Handschlag* in die Geschichte einzugehen.]

Selbst bei der Begrüßung zeigt Kanye Größe.

Den schlimmsten Handschlag meines Lebens bot mir

ein Motivationsredner. Obwohl ich versuche, meine Inter-aktionen mit Menschen aus der Inspirations-Branche auf ein Minimum zu beschränken (viele Motivationsredner sind nichts weiter als Evangelisten ohne Gospelchor), so bietet einem der Journalismus doch eine Menge Gelegen-heiten, bei denen man die Hände höchst merkwürdiger Menschen ergreifen muss, und so kam es dazu, dass mir ein ganz typischer Vertreter dieser Zunft eines Tages die Hand schüttelte: auf abstoßend elastische und doch allzu vertraute Art und Weise. Sein Griff war zwar fest, aber er dehnte das Händeschütteln endlos aus. Dabei sah er mich an und wiederholte meinen Namen, vermutlich, um ihn sich einzuprägen. Zwei Mal. Er schüttelte unablässig wei-ter. Dies ist der klassische Schachzug eines Motivations-redners: Bei dem Versuch, eine unvergessliche Verbindung zu schaffen, übertreiben diese Leute es und lassen die Be-gegnung auf die schlimmstmögliche Art unvergesslich werden. **(Regel: Bei näherem Kennenlernen wirken Mo-tivationsredner unweigerlich immer demoralisierend.)** Wenn Sie jemandem die Hand allzu lange schütteln, dann ist das so, als versuchten Sie, ihn an Ort und Stelle festzu-halten, wie um dem gedungenen Attentäter ein gutes Ziel und eine hohe Trefferquote zu bescheren. Das fühlt sich sehr unangenehm an für den anderen und ist ein absolut furchtbarer Auftakt für eine Beziehung.

Kanye West, ein Mann, der den Ruf eines größenwahn-sinnigen Aufschneiders genießt, stellte sich mit Anstand, Respekt und Effizienz vor. Wohingegen der Händler der Leidenschaft, dessen Aufgabe doch eigentlich darin besteht, Menschen zu inspirieren, sich selbst derart anbiederte, dass es schon an Lethargie grenzte. Wenn ich so höre, dass Kanye West wieder einmal unter Beschuss kommt, weil er Sachen wie »Wenn ich behaupten würde, ich sei kein Genie, würde ich Sie und mich nur belügen« von sich gibt oder »Ich bin ein Gott, na und?« oder »Ich kämpfe mit meiner Wortwahl ebenso, wie ich mit der Entscheidung kämpfe, welchen Pulli ich über ein T-Shirt ziehe«, dann denke ich immer: Ja, mag sein, aber der Mann versteht es, einem die Hand zu schütteln.

Natürlich ist das Händeschütteln grundsätzlich ein eigenartiger Akt. Die Hand eines Fremden zu halten und sie dann auf und ab zu schütteln? Natürlich ist das merkwürdig. Aber genau diese Merkwürdigkeit schafft auch eine Gelegenheit, sich näherzukommen, macht den Moment so einzigartig.

Und ein wenig beängstigend.

Es gibt drei Möglichkeiten, das Händeschütteln zu vermasseln.

Erstens können Sie die Hand Ihres Gegenübers zu lange festhalten. Dazu neigen Motivationsredner und Menschen, die einsam sind.

Zweitens können Sie die Hand Ihres Gegenübers zu fest drücken. Das ist die am wenigsten abstoßende Art, das Händeschütteln zu vermurksen. Aber bei einem Handschlag sollte man im Zweifel schon immer darauf achten, dem anderen nicht die Knochen zu brechen.

Drittens kann Ihr Handschlag allzu weich ausfallen. Ihr wachsweichen Händeschüttler, wir anderen fragen euch:

Wieso macht ihr das? Der allzu leichte Griff und das einmalige Schütteln weisen auf Unsicherheit hin – eine Todsünde im Beruf, vor allem, wenn Sie jemandem zum ersten Mal begegnen. Es gibt eine Handvoll Menschen, die mir während meiner Karriere den berüchtigten Toter-Fisch-Händedruck verabreichten. Ich hatte dabei immer das Gefühl, als hätten sie etwas zu verbergen. Alle anderen Aspekte ihres Verhaltens ließen sie grundehrlich erscheinen, aber dieser widerlich lasche Handschlag bot Raum für Zweifel.

(Früher gab es daneben noch eine vierte Handschlag-Variante: den Handflächenkitzler. Aber der wurde in den 1970er Jahren zu Grabe getragen, ebenso wie der Elektro-Rock und Groucho Marx.)

Es versteht sich von selbst, dass ein Handschlag fest, aber nicht zu fest sein sollte. Er sollte nicht länger als eine Sekunde dauern. Drei oder vier Mal auf und ab schütteln, dazu Blickkontakt und ein Lächeln während des gesamten Händedrucks. Das weiß man. Ein Handschlag ist simpel.

Dabei liegt aber die Betonung auf »fest«: Bei einem Handschlag ist der wichtigste Teil Ihrer Anatomie nicht die Handfläche, sondern das Geflecht zwischen Daumen und Zeigefinger. In dieser Region befindet sich der *Musculus adductor pollicis*. Bei einem festen Handschlag treffen sich Ihr *Adductor pollicis* und der *Adductor pollicis* Ihres Gegenübers wie die beiden Schneiden einer Schere. Das ist die Stelle, auf die Sie zielen müssen. Damit werden Sie den *Adductor pollicis* Ihres Gegenübers beglücken. Aber nur ungefähr eine Sekunde lang.

Das wurde sogar wissenschaftlich untersucht.

2008 ließ eine Gruppe von Forschern unter Leitung eines Professors für Wirtschaftswissenschaften an der University of Iowa die Teilnehmer der Studie bei einem vorgetäuschten Bewerbungsgespräch die Hände von fünf verschiedenen Testern schütteln. Die Tester sollten »ihre Hand um die Hand des jeweiligen Teilnehmers schließen, jedoch warten, bis der Teilnehmer zudrückte und schüttelte, und sie sollten die Hand des Teilnehmers erst wieder loslassen, wenn dieser seinen Griff lockerte«. Anschließend sollten die fünf Tester jeden Handschlag in fünf Kategorien bewerten: Griffigkeit, Druck, Dauer, Vitalität und Blickkontakt.

Die Bewertungen wurden mit den Empfehlungen verglichen, die eine zweite Gruppe von Testern bezüglich der Bewerbungsgespräche abgegeben hatte. Das Ergebnis: Jene Teilnehmer, die viele Punkte für ihr Händeschütteln erhielten – fester Griff mit gutem Blickkontakt und begeistertem Schütteln –, wurden auch als besonders geeignet für eine Einstellung eingeschätzt.

Ein Händedruck drückt im wahrsten Sinne des Wortes aus, wer wir sind – und er gibt ein Versprechen. Es ist das körperlich Intimste, was wir im Berufsleben tun. Der Handschlag erklärt im übertragenen Sinn, dass Sie bereit sind, sich mit Ihrem Gegenüber zu verbinden, und genau das haben Sie, zumindest ein paar Sekunden lang, ja auch getan. Wenn Sie also jemandem die Hand schütteln, dann schütteln Sie auch seine Hand. Fest, aber nicht zu fest. Energisch, aber nicht zu energisch. Sehen Sie dem anderen dabei in die Augen. Und wenn Sie schon dabei sind, sagen

Sie doch etwas Nettes, wie Kanye es tat. Und halten Sie die Hand gerade so lange fest, bis die persönliche Botschaft angekommen ist, aber auch wieder nicht so lange, dass es komisch wirkt. Oder schmerzhaft. Oder schlimmer noch: unheimlich.

Wie man korrekt zu spät kommt

Es gibt etwas, das ich an New York besonders liebe: Die Leute hier scheinen pünktlicher zu sein als anderswo. Sitzungen beginnen auf die Minute genau. Zu einer Verabredung zum Lunch kommen die Gäste eher etwas zu früh. Ich weiß nicht, warum das so ist. Schließlich können einem hier jede Menge Hindernisse in den Weg gelegt werden: Die U-Bahn hat Verspätung, es gibt eine Parade, oder der Taxifahrer wirft einen hinaus, weil man angedeutet hat, dass es womöglich keine gute Idee ist, über den Times Square zu fahren. Aber diese Dinge kommen so oft vor, dass die Leute offenbar Zeitpuffer dafür einplanen. Die New Yorker kommen wirklich selten zu spät.

Ich habe mich in meinem Leben sicher weniger als zwanzig Mal verspätet. (Das kann ich Ihnen deshalb so genau sagen, weil ich alles im *Büchlein der Patzer* notiert habe, einem in Leder gebundenen Tagebuch, das ich in meiner Schreibtischschublade aufbewahre.)

In sieben Fällen musste ich quer durch die Innenstadt, wo man – zu meiner Ehrenrettung sei das erwähnt – den Verkehr wirklich nur schwer vorhersagen kann. Wer behauptet, das zu können, leugnet, dass Kutschen immer noch existieren, dass der Präsident der Vereinigten Staaten bisweilen im Grand Hyatt eine Rede hält, und wenn er anschließend die zwei Häuserblocks zum Gebäude der Vereinten Nationen fahren will, dann wird zwanzig Minuten lang die komplette Innenstadt gesperrt, und dass UPS-Fahrer manchmal einfach mitten auf der Straße stehen bleiben, ihr Paket ausliefern und dann, was soll's, noch einen Schwatz mit dem Türsteher halten!

Bei zehn meiner Verspätungen musste ich mich dazu durchringen, meinem Gewissen zu folgen und, statt pünktlich weiterzuziehen, einer Verkehrsteilnehmerin mit einem Platten beim Reifenwechsel helfen oder die Blutung eines anderen Verkehrsteilnehmers stoppen.

Die verbliebenen beiden Verspätungen habe ich komplett verdrängt, weil sie zu schmerzhaft sind.

Für mich ist das Zu-früh-Kommen keine Ausnahmeerscheinung, es ist ein Dauerzustand.

Zu spät zu kommen macht einem unter bestimmten Umständen das Leben leichter. Man ist nie allein im Raum. Man muss nicht so viel Smalltalk betreiben. Man erweckt den Anschein, ein interessanteres Leben zu führen, weil ein Ereignis das andere übergangslos ablöst. Und man erwischt nie versehentlich die ekligen Appetizer auf einer Party, weil die pünktlichen Gäste sich schon durch alle Häppchen gegessen haben und Sie vor den widerlichen Geschmacksentgleisungen warnen können.

Weil ich schon gefühlt fünfhunderttausend Mal miterlebt habe, wie andere Leute zu spät gekommen sind, und weil ich mich den notorischen Zuspätkommern moralisch überlegen fühle, habe ich ein paar Richtlinien entwickelt, wie man am besten damit umgeht:

Erklären Sie niemals, warum Sie sich verspätet haben. Wenn Sie niemandem auf die Nase binden, dass Sie verschlafen haben, besteht immer noch die Möglichkeit, dass Sie in den letzten dreißig Minuten fürsorglich ein verletztes Vögelchen versorgt haben. Außerdem kümmert es in der Hierarchie der Dinge niemanden, ob Ihr spätes Eintreffen damit zu tun hat, dass Sie »letzte Nacht schlecht geschlafen haben« oder »wie anbetungswürdig, aber auch zeitraubend Ihre dreijährige Nichte« ist.

Wenn Sie zu spät zu einer Sitzung kommen, stellen Sie in den ersten zehn Minuten nach Ihrem Eintreffen keine Fragen, und kommentieren Sie auch nichts. Denn höchstwahrscheinlich ist das von Ihnen Angesprochene schon längst abgehandelt worden.

Erkundigen Sie sich nie: »Was habe ich verpasst?«

Bei einer Sitzung am Morgen sollten Sie niemals den Deckel Ihres Kaffeebechers abnehmen, den Pappbecher in beiden Händen halten und ihn dann zur Nase führen, damit Sie das Aroma genießen können. Hoppla, da ist ja plötzlich Schaum auf Ihrer Nasenspitze!

Ach herrje, jetzt gähnen Sie auch noch.

Sie gähnen *hörbar*.

Werden Sie einfach wach, Sie Schlafmütze!

Wenn Sie sich bei einem Bewerbungsgespräch verspäten, stammeln Sie keine Entschuldigungen. Seien Sie einfach offen, bleiben Sie ruhig und drücken Ihr Bedauern aus. Aber Sie müssen selbstverständlich einräumen, wie zerknirscht Sie sind. Und in diesem Fall sollten Sie auch offen sagen, woran es lag – haben Sie verschlafen, war der Verkehr schuld, oder haben Sie es einfach verbockt? Ehrlichkeit und Offenheit sind wichtige Tugenden im Geschäftsleben, und Ihre Einstellung gefällt uns – wann können Sie anfangen?!

Lassen Sie es sich nur nicht zur Gewohnheit werden.

Falls Sie es sich doch zur Gewohnheit werden lassen, sorgen Sie wenigstens dafür, dass Sie wirklich, wirklich gut in Ihrem Job sind. Hier sind Ihre Optionen: *pünktlich und talentiert* (Sie werden es sehr weit bringen), *unpünktlich und talentiert* (Sie werden sich irgendwie durchmogeln), *pünktlich und mittelmäßig* (Sie werden sich irgendwie durchmogeln), *unpünktlich und mittelmäßig* (Sie sind am Arsch).

Wie man um Himmels willen pünktlich kommt

Beim Zeitmanagement geht es nie darum, die Zeit an sich zu managen. Die Zeit ist schließlich ein allseits bekannter, stabiler Faktor. Sie verändert sich nicht. So, wie sie sich im letzten Jahr verhielt, wird sie es auch dieses Jahr tun. Man kann sie nicht managen – man kann sie nur anerkennen oder ignorieren. Und sie verfluchen, während man duscht. Das wird sie aber weder beeindrucken noch verändern.

Wenn Sie zu einer Sitzung zu spät kommen, liegt das höchstwahrscheinlich nicht daran, dass sich Ihnen ein unvermeidbares Hindernis in den Weg gestellt hat. Sie hatten vielmehr zuvor einfach keine Zeit darauf verwendet, sich auf ein Hindernis vorzubereiten. Und wenn Sie sich nicht die Zeit nehmen, sich auf Hindernisse vorzubereiten, dann zeugt das von mangelndem Respekt den Menschen gegenüber, mit denen Sie es beruflich zu tun haben. Mit anderen Worten, *Sie* sind das Hindernis. Wenn Sie pünktlich sein wollen, dann sind Sie auch pünktlich. Es ist nämlich sehr einfach, pünktlich zu sein. Heikel wird es erst, wenn es darum geht, die Zeit anderer zu respektieren.

Es gibt viele Gelegenheiten, bei denen man entweder zu spät oder pünktlich kommen kann, aber im Rahmen dieses Kapitels beschränken wir uns auf ein Beispiel aus der beruflichen Praxis: die geschäftliche Sitzung.

Zum ersten Mal überhaupt werde ich das Geheimnis lüften, wie man pünktlich zu einer Sitzung kommt. Unzählige Studien von Wissenschaftlern, dem Militär, diversen Regierungsinstituten und dem Erfinder von Clocky, dem »Wecker, der weglaufen kann«, beweisen durchgehend, dass es durchaus eine Möglichkeit gibt, pünktlich zu einer Sitzung zu kommen, nämlich:

Kommen Sie einfach pünktlich zur Sitzung.

Es gibt keine besondere Fertigkeit dafür. Man kann da nichts lernen.

Wenn Sie pünktlich sein wollen, dann sind Sie auch pünktlich. Leute, die ständig zu spät kommen, warten mit jeder Menge Entschuldigungen auf: Verkehr, Kinder, Krankheit, schlechtes Wetter, »die haben meinen Latte Macchiato mit dem Chai Latte von jemand anderem verwechselt«, und so weiter und so fort. Aber diese Entschuldigungen zeugen nur von einem, nämlich von der Missachtung für denjenigen, für den Sie hätten pünktlich da sein sollen. Worum auch immer es bei der Sitzung geht, es war Ihnen einfach nicht wichtig genug.

Schließlich sind wir sonst ständig auf die Minute genau. Wir essen auf die Minute genau. Wir drücken minutengenau aufs Gas, wenn die Ampel auf Grün schaltet. Wir sagen auf die Minute genau Hallo, wenn jemand anders uns begrüßt. Wenn wir also beschließen, *nicht* pünktlich zu sein – und es ist immer eine Entscheidung –, dann lautet die zugrunde liegende Botschaft: »Ich bin zu beschäftigt.« Wir drücken damit aus: »Ich respektiere Sie nicht genug, um das Leichteste auf der Welt zu tun: einfach für Sie da zu sein.«

Eine Menge kleiner Entscheidungen bringen Sie dazu, zu spät zu kommen. Es geht nie nur um diesen einen Augenblick, an dem Sie sich verabredet haben. Es geht um die Tage der Vorbereitung, vielleicht sogar Monate, manchmal womöglich Jahre. Die Unfähigkeit, einen Termin einzuhalten, beruht auf sehr viel mehr als nur auf dem momentanen Augenblick. Wenn Sie damit zu kämpfen haben, pünktlich zu sein, dann stellen Sie sich vor, die Sitzung sei viel wichtiger, als sie es in Wirklichkeit ist. Malen Sie sich aus, wie alles in die Hose geht, wenn Sie zu spät kommen. Stellen Sie sich vor, bei der Sitzung ginge es um, keine Ahnung, meinetwegen um einen Raketenstart. Der Raketenstart ist einfach nur der Start der Rakete. Aber die Raketenkampagne ist der Grund, warum es überhaupt einen Raketenstart geben kann.

Sie sind die NASA. In Ihrem Terminkalender wimmelt es vor Raketenstarts. Um Himmels willen, lassen Sie diese Dinger abheben!

Wie man eine passende Bar für den Feierabenddrink findet

Die ersten beiden Jahre beim *Esquire* pilgerte ich drei oder vier Mal die Woche zu der roten Marmortheke im *San Domenico*, einem italienischen Restaurant am Columbus Circle in New York, direkt am Central Park gelegen – jener Bar, welche unserem Bürogebäude am nächsten lag. Für gewöhnlich begleitete mich dabei David »Curc« Curcurito, der Design-Chef des Magazins. Er hatte nur wenige Monate vor mir beim *Esquire* angefangen. Wir tranken Oban, einen vierzehn Jahre alten Single Malt Whisky aus Schottland, denn das war Curcs Lieblingsgetränk. Ich bin nicht gerade ein anspruchsvoller Trinker. Er hätte auch einen Haselnusslikör bestellen können, und ich hätte trotzdem gesagt: »Für mich dasselbe, bitte.«

Wir tranken viel. Und ich meine nicht nur *im Laufe der Zeit*. Ich meine, wenn wir tranken, dann tranken wir richtig, denn im *San Domenico* gab es Renato, den besten Barkeeper, den New York jemals gesehen hat. Das hatte genau drei Gründe: Erstens, kein Mensch sieht in einer roten

Weste mit Goldknöpfen besser aus als Renato. Zweitens, jedes Mal, wenn wir aus dem Fenster in Richtung Central Park schauten, waren unsere Gläser, sobald wir uns umdrehten, wieder voll. Es war toll. Und drittens, er sagte so gut wie nie etwas, wenn er aber doch einmal den Mund aufmachte, dann sagte er genau das Richtige. Darum tranken wir dort so viel. Das *San Domenico* wurde rasch zu unserer Stammkneipe.

Eine Stammkneipe ist etwas sehr Nützliches. Im Grunde ist es eine Art Außenbüro. Die Kneipe sollte nicht weiter als fünf Minuten von Ihrem Arbeitsplatz entfernt liegen. Ansonsten suchen Sie sie nicht oft genug auf, um einen festen Rhythmus zu etablieren. Wenn Sie nach Ihrem ersten Besuch dort zu dem Schluss gelangen, dass es Ihre Stammkneipe werden könnte, dann kehren Sie in den nächsten fünf Tagen jeden Abend dahin zurück. Und anschließend mindestens zweimal die Woche. (Niemand hat gesagt, dass es einfach wird.)

Die Bar sollte einen Namen haben, den Sie laut aussprechen können, ohne sich zu schämen. Eine Bar mit lustigem Namen ist nicht so gut: »Wir treffen uns dann im Schubidu«, ist keine Einladung, die ernst genommen werden kann – weder von einem Geschäftspartner noch von sonst jemandem.

Der Barkeeper sollte Ihnen außerdem hin und wieder einen Drink »aufs Haus« spendieren. Wenn er das nicht tut, auch wenn alles andere stimmt, ist es trotzdem nicht das Richtige.

Außerdem geben sich die besten Barkeeper immer leicht

desinteressiert. Barkeeper, die nicht ganz so kommunikativ sind, sind eher darauf konzentriert, dass Ihr Glas immer voll ist.

Wenn Sie ein besonders angenehmer Gast sind, wird Ihnen der Barkeeper vielleicht die Hand schütteln. Falls Sie diesen Handschlag bekommen, seien Sie skeptisch. Und bleiben Sie skeptisch, bis Sie mehr Informationen gesammelt haben. Es gibt zwei Arten von Barkeeper-Handschlägen. Der Handschlag, der Trinkgeld befördern oder belohnen soll. Und der Handschlag, der bedeutet: »Dank Ihnen war meine Schicht heute besonders angenehm, danke.« Da man diese beiden Varianten aber praktisch nicht voneinander unterscheiden kann, ist der Handschlag auch kein zuverlässiges Barometer für irgendetwas, noch nicht einmal dafür, ob Sie nun Ihre Stammkneipe gefunden haben oder nicht.

Wenn man dem Barkeeper bei der Bestellung in die Augen schaut, ist das der Beziehung zuträglich. Also direkt in die Augen. Viele Menschen tun das nicht.

Viele Leute sagen auch nicht »danke«.

Das Problem bei einer Stammkneipe – vor allem, wenn es sich um die Bar im *San Domenico* im Jahr 2005 handelt – besteht darin, dass einem das Trinken dort sehr angenehm gestaltet wird. Und wenn das Trinken derart angenehm ist, neigt man dazu, viel zu trinken.

In meiner Anfangszeit beim *Esquire* (und im *San Domenico*) gab es zahlreiche Momente, in denen ich zu viel trank. In New York ist das an und für sich kein Problem. Schließlich muss man nicht mit dem Auto nach Hause fahren. Außerdem hatte ich das Gefühl, ich bräuchte ein Ventil für den Druck im Job und all die Merkwürdigkeiten, die das Leben in New York mit sich brachte.

Die ersten beiden Jahre in New York waren aufreibend. Ich arbeitete viel. Jeden Abend blieb ich bis neunzehn oder zwanzig Uhr im Büro und ging dann in meine Bar. Anschließend fuhr ich mit der U-Bahn nach Hause, setzte mich auf das Fensterbrett, mit den Füßen auf der Feuerleiter, und rauchte eine Zigarette. Ich bin eigentlich kein Raucher. Selbst als ich noch rauchte, war ich kein Raucher. Ich tat es nur, weil es so schön verrückt ist, auf dem Fensterbrett zu sitzen und nur vor mich hinzustarren. (Der einzig echte Vorteil des Rauchens besteht darin, dem Nichtstun eine gewisse Sinnhaftigkeit zu verleihen.) Also rauchte ich. Wodurch ich meine Nachbarn besser kennenlernte. Ich beobachtete Prügelszenen. Ich sah, wie ein Fahrrad gestohlen wurde. Ich wurde Zeuge davon, wie ein Drogendeal ablief, und fünf Minuten später sah ich, wie Käufer und Dealer von Cops verfolgt und verhaftet wurden. Ich sah Studenten im Rausch der Hormone von einer Party zur anderen eilen. Ich erblickte Menschen, die noch viel betrunkener waren als ich. Ich sah und hörte, wie Motorradbanden mitten in der Nacht die Straße entlangbrausten. Ich entdeckte ein Paar, das spät nachts in einem Ladeneingang auf der anderen Straßenseite Sex hatte. Ich sah einen Mann, der mitten auf der Straße lässig einen Einkaufswagen schob, stehen blieb, die Hose herunterließ und seinen Darm entleerte, als sei diese Form der Entsorgung absolut üblich. Kurzum, ich sah und hörte New York.

Jedenfalls fand ich, dass ich mir den einen oder anderen Drink verdient hatte. Also trank ich. Und beim Trinken zog ich hin und wieder einen Stift hervor und kritzelte ein paar Ideen auf, die mir so in den Sinn kamen.

Es ist leicht, in einer Bar Stress abzubauen. Eine Kneipe als Außenbüro zu führen, macht jedoch einige Regeln erforderlich. Diese Regeln finden Sie im nächsten Kapitel.

Wie man Trinken und Arbeiten unter einen Hut bringt

Um effizient zu arbeiten und zu trinken, muss man wissen, für welche Art von Arbeit Alkohol zuträglich ist. Und um das zu erfahren, muss man bei den Wissenschaftlern nachfragen, denn erstaunlicherweise gibt es Untersuchungen darüber. Hier sind deren Ergebnisse:

Ein schwedischer Psychologe kam zu dem Schluss, dass Alkohol zwar die Organisation beziehungsweise die Durchführung eines Projekts (sei es ein Buch, eine Präsentation oder was auch immer) behindert, aber nachweislich dazu beiträgt, zu neuen Erkenntnissen zu gelangen und Ideen »auszubrüten«. In diesen Phasen, so schreibt er, sorgt Alkohol dafür, »den Fluss der Gedanken ins Strömen zu bringen«.

Forscher an der University of Illinois haben vor Kurzem herausgefunden, dass Menschen, die einen Wodka-Cranberry-Cocktail trinken, bis ihr Blutalkohol gerade noch unter das gesetzlich erlaubte Maß fällt, Wort-Assoziations-Probleme schneller lösten und häufiger als die nüchterne

Vergleichsgruppe dabei richtiglagen. Im Jahr darauf stellten die Forscher fest, dass leicht angetrunkene Menschen kleine Veränderungen bei Bilderserien eher bemerkten, dafür aber Gedächtnisprobleme hatten.

Die Amerikaner kommen also zum selben Ergebnis wie die Schweden: Alkohol *kann* Sie in bestimmten Bereichen besser machen – Sie können sich besser auf Kleinigkeiten konzentrieren, und die Ideen strömen leichter, beides lässt sich beispielsweise für Brainstorming-Sitzungen zunutze machen. Sorgen Sie also dafür, dass Sie Arbeit und Alkohol richtig kombinieren:

Diese Arbeiten sollten Sie nicht unter Alkoholeinfluss erledigen:
- Operieren
- Käse herstellen
- Kampfsport betreiben
- Folienbilder aufkleben
- Am Trapez turnen

Hier sind Arbeiten, die Sie beim Trinken erledigen können:
- Brainstorming für neue Operationsmethoden
- Entwicklung neuer Käsesorten
- Über Dritte lästern
- Neue Abziehbilder entwerfen
- »He, Enzo, wie wär's, wenn wir noch einen fünften Mann an Bord holen?«

Trinken ist der Arbeit zuträglich. Aber hauptsächlich dem Brainstorming.

Dieses Wissen teilen wir mit unseren Altvorderen.

Die alten Perser tranken, während sie über ihr Weltreich herrschten. Herodot schrieb, dass sie weitreichende Entscheidungen betrunken trafen, und wenn sie am nächsten Morgen nüchtern aufwachten, trug der Haushofmeister ihnen diese nächtlichen Entscheidungen vor; waren sie dann immer noch dafür, wurden sie ausgeführt, wenn nicht, verworfen.

Churchill trank, während er einen Krieg führte. Als er 1941 zu Gast im Weißen Haus war, verlangte er beispielsweise nach einer Karaffe mit Sherry zum Frühstück, einem Scotch mit Soda zum Mittagessen und französischem Champagner sowie neunzig Jahre altem Brandy als Schlummertrunk. Und doch erklärte er: »Ich habe dem Alkohol mehr abverlangt als er mir.«

Einen etwas schlichteren Geschmack hat der Gelegenheitsphilosoph und Vollzeit-Catcher der amerikanischen Baseball-Liga, A. J. Pierzynski: »Manchmal hast du [während des Spiels] einfach zu kämpfen, und in solchen Momenten sage ich mir: ›He, ich brauche jetzt etwas, um runterzukommen. Ich genehmige mir jetzt ein Bier.‹«

Bei der Arbeit zu trinken funktioniert, vorausgesetzt, Sie sind nicht, äh, betrunken.

Nach den vielen Jahren, in denen ich gleichzeitig getrunken und gearbeitet habe, kenne ich nun ein System, Betrunkenheit zu vermeiden. Ich gebe diese Methode hier zum ersten Mal preis. Sie besteht aus zwei Schritten:

1. Trinken Sie nicht zu viel.
2. »Bekommt man hier auch etwas zu essen?«

Betrunken zu werden ist nicht das Ziel. Erleichterung ist das Ziel – von der Last, vom Druck durch die Firmenpolitik, von der Belastung durch das Arbeitspensum. Wenn man während der Arbeit trinkt, geht es um *Ideen*. Sie müssen nichts erschaffen, Sie müssen einfach nur den Kopf frei bekommen. Und dafür braucht es nicht viel Alkohol. Trinken Sie also höchstens zwei Drinks am Nachmittag.

Ich habe im *San Domenico* gelernt, wie man trinkt. Im Laufe der Zeit (anfangs nicht… zu Beginn war ich ziemlich nachlässig) habe ich mir selbst beigebracht, wie man nicht zu viel trinkt.

Was ich gelernt habe, lässt sich auf einige wenige Regeln herunterbrechen, die mir seitdem als Leitfaden dienen. Als Merkhilfe soll verraten werden, dass in allen Regeln die Zahl *zwanzig* enthalten ist.

Bei der Arbeit zu trinken erfordert sowohl Zurückhaltung als auch Hingabe. Sie könnten noch mehr trinken, aber Sie lassen es dabei bewenden. Sie hätten weniger trinken können, aber so ist es jetzt eben.

Wenn Sie trinken, werden Sie natürlich lockerer. Sie werden offener. Es gibt einen Punkt, an dem Sie genug getrunken haben, um bissige Gedanken zu hegen, aber doch noch so besonnen sind, sie nicht zu äußern. Diesen Punkt sollten Sie nicht überschreiten. Sie sollten Ihre Spitzen noch verantwortungsvoll setzen können. Verantwortungsloses Benehmen stellt in der Bar die gleiche Todsünde dar wie an Ihrem Schreibtisch. Also überschreiten Sie diesen Punkt nicht. Und hören Sie zu – hören Sie immer sehr viel mehr zu, als selbst zu reden. Das ist bei Besprechungen grundsätzlich ein guter Tipp – ob mit oder ohne Alkohol.

Mein »Punkt« ist nach exakt einem Drink erreicht.

Das war schon immer der Plan – wir hielten uns nur nie daran. Es fing immer damit an, dass Curc an meinen Schreibtisch trat und sagte: »Lass uns was trinken gehen.« Ich wusste, aus dem einen Drink würden zwei oder drei oder vier Drinks werden, und dann stand man vor der Entscheidung, ob noch einer ging, und ab dann wurde die Sache brenzlig. Dann fing man nämlich an, den Leuten mit dem Zeigefinger in die Schulter zu piksen, wenn man ein Argument vorbrachte, oder man schickte wahllos Textnachrichten an Leute, in denen man sie wissen ließ, wie sehr man sie vermisste, oder man fing an zu singen.

Aber ich finde es großartig, sich einen einzigen Drink zu genehmigen. Oder wenigstens den einen Drink, wie Renato ihn servierte, denn er pflegte immer sehr großzügig einzuschenken. Im *San Domenico* war ein Drink eigentlich immer so gut eingeschenkt, als wären es zwei. Aber dennoch wurde es nur ein Glas. Folglich ging er als *ein* Drink durch.

Ein Drink ist nicht zu wenig, aber auch nicht zu viel. Man ist noch nicht angeschlagen. Man wird nichts sagen, was man hinterher bereut – zumindest nicht wegen des Alkohols. Man redet nicht zu laut. Man hat am nächsten Morgen keinen Kater. Man gibt nicht zu viel Geld aus. Man fragt sich nicht, warum die Person dort drüben einen dauernd anstarrt, und interessanterweise scheint sie einen ähnlichen Geschmack in Kleiderfragen zu haben wie man selbst, und jetzt starrt sie ganz offen und … oh, es ist ein Spiegel. (Ist mir nur ein einziges Mal passiert!) *Ein* Drink ist genau die richtige Menge an Alkohol.

Wie man sich auf einer Büroparty verhält

Zu Beginn meiner Karriere war mir eins nicht klar: **Eine Büroparty ist keine Party. Es ist eine Sitzung – gelegentlich außerhalb der Büroräume – mit kostenlosem Alkohol.** Der Veranstaltungsort ist einer der vielen Ableger Ihrer Firma, beispielsweise der Grieche auf der anderen Straßenseite, das Café an der Ecke, der trostlose Hinterhof, auf den die Leute hinausgehen, um per Handy mit ihrem potenziellen nächsten Arbeitgeber zu telefonieren. Räumlich gesehen befinden Sie sich nicht mehr im Büro, Sie sind jedoch immer noch bei der Arbeit.

Außerdem trinken Sie.

Wenn getrunken wird, achten wir auf das, was wir tun, während wir trinken – auf die Dinge, die wir sagen, wie laut wir sie sagen, wie viel wir trinken. Aber wir sollten uns eher auf das konzentrieren, was den Rahmen der Party ausmacht: die Entscheidungen, die wir zu Beginn und am Ende der Party treffen. Wenn diese Entscheidungen stimmen, ist der Mittelteil kein Problem.

Am Arbeitsplatz gibt es unzählige Regeln. Auch eine Büroparty braucht Regeln. Vielleicht sogar noch mehr.

Als Erstes sollten Sie auf einer Büroparty für etwas sorgen, was wir generell bei der Arbeit gern hätten: die Freiheit zu gehen, wann immer Sie wollen.

Begrüßen Sie so früh wie möglich die Leute, die Sie begrüßen müssen. Gehen Sie schnurstracks auf den Chef zu, also auf den Gastgeber, und dann zu allen anderen, mit denen Sie reden wollen.

Positionieren Sie sich in der Nähe des Essens beziehungsweise in der Nähe zu der Tür, durch die das Essen hereingetragen wird. Essen Sie frühzeitig und häufig. Hähnchenkeule am Spieß? Danke. Kabeljau-Häppchen mit Miso-Paste? Sehr gern. Ein Schälchen mit einem Schaum aus Rinderrippe und Hummer? Für mich bitte zwei davon.

Jetzt sind Sie in der richtigen Verfassung, mit dem Trinken anzufangen. Weil Sie im Grunde Ihr Abendessen hatten.

Trinken Sie das erste Glas zügig. Halten Sie sich dann am zweiten Glas fest. Wenn es sein muss, können Sie noch ein drittes oder viertes Glas trinken, aber verwechseln Sie die kostenlosen Getränke nicht mit einem All-you-can-eat-Büfett, an dem Sie sich nach Herzenslust bedienen dürfen. Sonst haben Sie auf einmal sieben Glas Weinbrandbowle intus, und ganz plötzlich tragen Sie ein Rentiergeweih auf dem Kopf, zwinkern mit offenem Mund den Kolleginnen zu, geben auf der Tanzfläche den Roboter und bezeichnen alle als »Dingsbums«.

Halten Sie sich zurück.

Haben Sie Spaß.

Und dann gehen Sie.

Wie bitte, Sie möchten noch bleiben? Oh nein, Sie sollten jetzt wirklich gehen.

Sie wollen aber noch nicht gehen? Dann lesen Sie das nächste Kapitel, und treffen dann Ihre Entscheidung.

Wie man eine Büroparty verlässt

Sie werden es nie, nie, nie bereuen, eine Büroparty frühzeitig verlassen zu haben.

Also gehen Sie.

Jetzt.

Gehen Sie einfach.

Sind Sie bereit zum Aufbruch?

Nein?

Großartig, das ist genau der richtige Moment, um zu gehen. Sie sollten eine Büroparty immer dann verlassen, wenn Sie noch gar nicht gehen wollen. Eine Folge des Alkoholkonsums ist die, dass man denkt, man hätte mehr Spaß, als man in Wirklichkeit hat. Eine weitere Folge ist nachträgliche Reue. Also gehen Sie. Jetzt.

Tun Sie es wie folgt: Sagen Sie niemandem, dass Sie gehen. Weil es auch niemanden interessiert. Verabschieden Sie sich nicht. Machen Sie kein großes Tamtam darum. Gehen Sie einfach. Verabschieden Sie sich nicht von Ihrem Chef. Sie haben mit ihm geredet, als Sie gekommen sind. Sieht er etwa so aus, als wolle er jetzt noch einmal mit Ihnen reden? Also gehen Sie.

Das nennt man den »polnischen Abgang«. Beim polnischen Abgang geht man einfach, ohne sich zu verabschieden. Es ist unklar, wieso dieser Abgang so heißt. Denn die Polen verabschieden sich mit Begeisterung. Das ist für sie eine Kunstform. Darum können sich Verabschiedungen in Polen endlos lange hinausziehen. Der polnische Abgang wurde möglicherweise nach jenen Polen benannt, die versucht haben, der polnischen Verabschiedungsorgie zu entkommen.

Aber dafür haben wir jetzt keine Zeit. Verlassen Sie einfach den Raum, und kehren Sie nicht zurück. Niemand achtet auf Sie. Niemand wird sich fragen, wo Sie sind. Glauben Sie mir bitte, Sie werden noch froh sein, sich auf diese Weise abgesetzt zu haben. Vielleicht nicht jetzt sofort, aber morgen.

Beenden Sie die Party, wie Sie sie begonnen haben: zügig.

Sollte man auf einer Büroparty tanzen?

Bitte entscheiden Sie sich bei jeder Frage für eine Antwort, zählen Sie schließlich die Punkte zusammen und finden so heraus, ob Sie auf einer Büroparty tanzen sollten.

1. Wie lange läuft die Party schon?
   A. Hat gerade angefangen   25
   B. Seit ein paar Stunden   4
   C. Keine Ahnung   2

2. Was beschreibt Ihre Einstellung zum Tanzen am besten?
   A. Tanzen ist doof!   8
   B. Sonstiges   4

3. Was für eine Musikrichtung wird gespielt?
   A. Reggae   6
   B. Kein Reggae   8

4. Haben Sie jemals professionell getanzt?
   A. Ja.   0
   B. Nein.   8

Auflösung

Egal welche Punktzahl Sie erzielt haben: Sie sollten auf einer Büroparty nicht einmal mit dem Kopf im Takt zur Musik wackeln.

Wie man einen Toast ausbringt

Leute, die einen Toast ausbringen, nötigen mir jedes Mal Respekt ab.

Sie mögen dabei stottern. Sie vergessen vielleicht den Blickkontakt. Möglicherweise reden Sie auch viel zu lange. Wenn Sie es aber trotzdem versuchen, ein paar geistreiche Worte auf jemand anderen auszubringen? Hut ab vor Ihnen, mein Freund!

Die Zahl meiner Trinksprüche erhöhte sich dramatisch, als ich nach New York kam. Die New Yorker lieben Trinksprüche. In den letzten zehn Jahren habe ich viele Tischreden gehalten und auch vielen gelauscht. Jahresfeiern, Verabschiedungen, Konferenzen, geselliges Beisammensein. Es ist wichtig, bei einem Trinkspruch zu stehen, sentimental zu werden und hin und wieder in die Runde zu prosten. Ein großartiger Toast ist einer der eindrücklichsten und bewegendsten öffentlichen Auftritte, die man als normaler Mensch erleben kann. Und er hebt die Stimmung enorm – aus eben dem Grund, weil er den normalen Büroalltag sprengt. Trinksprüche sind Gipfelstationen des guten Willens und des Respekts. Und derjenige, auf den der Toast ausgesprochen wurde, wird ihn niemals vergessen.

Ein Trinkspruch sollte frühzeitig erfolgen. Vielleicht nicht gleich als Erstes, aber ziemlich bald am Anfang.

Es ist in Ordnung, die Leute anzubrüllen, dass sie jetzt gefälligst leise sein sollen.

Aber Sie müssen auf jeden Fall dabei stehen.

Sie sollten Ihr Glas während des gesamten Trinkspruchs in Brusthöhe halten.

Falls Ihnen beim Hochhalten des Glases der Arm einschläft, dann ist es höchstwahrscheinlich an der Zeit, den Trinkspruch zu Ende zu führen. Armerschlaffung ist die natürliche Trinkspruch-Zeitschaltuhr.

Achtung: Wechseln Sie das Glas nicht in die andere Hand, um den Trinkspruch länger hinauszuziehen zu können. Kommen Sie einfach zum Ende.

Bleiben Sie stehen. Überlassen Sie das Auf- und Abschreiten den Motivationsrednern.

Ich rate von allen Trinksprüchen ab, die Sie im Internet finden, besonders aber von »irischen Trinksprüchen«. »Mögen deine Nachbarn dich ehren, Glücksfälle sich mehren, Engel… dich lehren« (oder was immer irische Engel in einem Toast so machen), es ist weder wirklich inspirierend, noch gehört es irgendwo andershin als in einen Pub in Cork.

Mein wichtigster Rat lautet: Prägnanz.

Ich habe festgestellt, dass man sich nur um eins sorgen sollte, nämlich jemanden bei der Namensnennung zu übergehen. Das lässt sich allein dadurch schon vermeiden, dass man *niemanden* namentlich nennt. Mein Chef hat mich einmal gebeten, einen Toast auf eine Gruppe von Journalisten auszusprechen, die alle für den *Esquire* schrieben und die ich alle großartig fand. Ich erwähnte einen Journalisten namentlich, um einen bestimmten Punkt zu unterstreichen. Dann wanderte mein Blick zu dem Journalisten, der neben ihm saß. Mir erschien er mindestens ebenso würdig, als beispielhaft genannt zu werden, also erwähnte ich auch dessen Namen. Und warum da aufhören? Also nannte ich auch den Journalisten neben ihm. Dann erwähnte ich die anderen Redakteure. Als ich fertig war, hatte ich ungefähr zwanzig Personen namentlich gelobt. Vielleicht sogar den Kellner. Was als Toast begonnen hatte, wurde ein sinnloses Herunterbeten von Namen. Wie bei einer Anwesenheitskontrolle. Kurzum, Vorsicht bei Namensnennungen.

Sie könnten natürlich ausrufen: »Auf euch alle!« Das ist prägnant. Sie könnten hinzufügen: »Wo wären wir ohne euren Einsatz?« Was schon ganz nett klingt. Sie könnten auch sagen: »Ihr habt eine Runde Applaus verdient.« Das verschafft Ihnen Zeit. Sie könnten rufen: »Steve, [Pause], Steve, Steve, Steve.« Das bringt Ihnen noch mehr Zeit und lenkt die Aufmerksamkeit aller auf Steve.

Und wenn Sie das alles hintereinander sagen, haben Sie einen Toast. Einen richtig netten Toast. Natürlich auch einen sinnentleerten, bedeutungslosen, lahmen Toast. (Auch wenn Steve anderer Meinung sein wird.) Das ist ganz in Ordnung. Aber vergessen Sie nicht: Ein Trinkspruch ist eine Chance, mehr als einen guten Spruch daraus zu machen. Er ist eine Botschaft. Er ist eine sehr kurze Rede. Und wenn sie gut ist, werden sich die Leute ewiglich daran erinnern. Das geschieht aber nur, wenn Sie eins beachten: Bei einem Toast müssen Sie die Gefühlsebene ansprechen. Humor in Trinksprüchen wird überbewertet. Gefühle sind das A und O.

Vor ein paar Jahren habe ich den Komiker und Entertainer Don Rickles interviewt. Zu Trinksprüchen äußerte er sich wie folgt (ich fasse zusammen): »Bereiten Sie nichts vor. Und sagen Sie am Ende etwas Nettes.« Er hat leicht reden, für Rickles lag zwischen Vorbereitung und Freundlichkeit sein unbestreitbarer Witz. Aber witzig zu sein hat auch seine Tücken. Damit Ihr Witz auch zündet, müssen Sie entweder professioneller Komiker sein oder nicht-professioneller Komiker, der es zum Profi schaffen würde, wenn Sie es nur wirklich wollten. Ihr Witz muss auch Spott und Ironie enthalten, wenn er zünden soll. Wenn der Spruch nicht auch ein klein wenig aneckt, ist er tot. Darum geht es ja eben beim Witzigsein. Und deshalb ist es auch so schwer.

Ich rate daher zu Freundlichkeit am Anfang, in der Mitte und am Ende. Falls Humor sich einstellen sollte – was ja doch oft der Fall ist, wenn wir ehrlich sind –, dann soll er ruhig kommen. Manchmal ist aber gerade das Fehlen jeglichen Bestrebens, witzig zu sein, ebenso prägnant. Echte Ehrlichkeit ist schockierend. Sie ist unvergesslich. Wenn man es schafft, bei einem Trinkspruch wirklich ehrlich zu sein, braucht man keine Lacher.

Notizen?

Gern, aber ohne ist es besser.

Was, wenn Sie nicht wissen, was Sie sagen sollen?

Natürlich wissen Sie, was Sie sagen sollen.

Aber was ist, wenn ich etwas vergesse?

Niemand kann etwas vermissen, von dem er gar nicht wusste, dass es kommen sollte.

Und was ist, wenn ich etwas Wichtiges vermitteln möchte, es aber vermassele?

Niemand wartet wirklich auf den Kern einer Botschaft. Alle wollen einfach nur gerührt sein. (In diesem Zusammenhang: Fassen Sie während eines Trinkspruchs niemanden an.)

Bei einem Toast geht es darum, dass das Publikum sich selbst (und Sie) am Ende noch mehr mag als vorher. Eine Ansammlung von Notizen wäre einfach nur ein Katalog von Dingen, die Ihnen etwas bedeuten oder auch nicht. Wenn Sie ohne Notizen auftreten und einfach sagen, was Ihnen in den Sinn kommt, dann sind Sie auf jeden Fall ehrlich.

Überlegen Sie sich im Vorfeld, was Sie sagen möchten. Sie können auch ein paar Dinge aufschreiben. Aber wenn Sie dann vor den anderen stehen, gilt: keine Notizen!

Sehen Sie nicht Ihre Kollegen vor sich, stellen Sie sich vor, Sie seien bei einem Grillfest. Was würden Sie dem Betroffenen sagen? Überlegen Sie sich, was das wäre, lassen Sie das Negative weg, und schon haben Sie Ihren Toast.

Ein Toast sollte nicht übertragbar sein. Sie sollten sagen, was Sie jetzt gerade empfinden, in diesem Augenblick, da Sie hier stehen und den Menschen ansehen, den Sie bewundern und vielleicht sogar, na ja, *mögen*. Darum kann ein großartiger Toast aus einigen wenigen Worten bestehen. Ein Trinkspruch muss nicht grandios sein, nicht allumfassend und tiefschürfend. Sie sind weder Heinrich der Fünfte noch Gene Hackman. Die sicherste Methode zu vermeiden, dass ein Toast überschwänglich wird, besteht darin, nicht überschwänglich zu sein. Was dann passiert, ist eine Überraschung. Die anderen sind überrascht. Sie sind überrascht. Die Kellner sind überrascht. Ein Toast sollte für Sie ebenso unerwartet kommen wie für denjenigen, auf den Sie ihn aussprechen.

Und gleichgültig, ob Sie glauben, alles vermasselt oder etwas ausgelassen oder irgendeinen weisen, alten Mann falsch zitiert zu haben, Ihr Toast wird unweigerlich auf die bestmögliche Art und Weise enden: mit einem Drink.

Dinge, die man in einem Trinkspruch niemals sagen sollte

- »Des Weiteren…«
- »Ähhhh…«
- »Wann immer sich eine Gelegenheit auftat, zeigte er sich ihr gewachsen.«
- »Lassen Sie uns einen Moment innehalten.«
- »Und der geht ungefähr so…«
- »Zusammenfassend möchte ich sagen…«
- »Und obwohl wir uns in einen reißenden Fluss stürzten…«
- »Ganz schön warm hier drin.«
- »Trinkt, Brüder und Schwestern…«
- »Ich habe doch gesagt, ihr sollt die Klappe halten.«

Wie man eine Rede hält, wenn man Angst davor hat, eine Rede zu halten

Einen Toast auszusprechen, ist eine Sache. Vor einer Gruppe von Menschen ohne Drink in der Hand eine Rede zu halten, ist etwas ganz anderes.

Je weiter Sie auf der Karriereleiter emporklettern, desto häufiger wird man Sie bitten, eine Rede zu halten: Sie sollen etwas vor der gesamten Belegschaft präsentieren, an einer Podiumsdiskussion teilnehmen, irgendwelchen Studenten halbwegs nützliche Karrieretipps geben.

Mir passiert dann immer Folgendes: Ich kann kaum schlucken. Erstaunlich, wie oft man pro Minute schlucken muss. Wir denken gar nicht weiter darüber nach, wir tun es einfach. Wenn ich jedoch eine Rede halten muss, wird mir plötzlich bewusst, dass ich schlucken *muss*, und dann bekomme ich es mit der Angst zu tun, ich könnte plötzlich nicht mehr schlucken, und dann … kann ich … einfach nicht schlucken. Das ist ein Problem. Ich muss innehalten, eine Grimasse schneiden und das Schlucken erzwingen. Dabei geht mir die Luft aus, weil ich, während ich versuchte zu schlucken, vergessen habe zu atmen. Nach diesen bizarren Minizuckungen bin ich völlig außer Atem, und das Ganze ist ein Desaster, und ich würde am liebsten von der Bühne laufen, fluchtartig das Gebäude verlassen und mich in meiner Wohnung unter der Bettdecke verkriechen.

Früher hat mich diese Angst gelähmt. Wenn ich damals an einer Podiumsdiskussion teilnehmen sollte, nahm ich um Viertel nach acht morgens einen großen Schluck Wodka direkt aus der Flasche in meinem Kühlschrank, weil ich glaubte, das würde meine Nerven beruhigen, aber bis ich dann um neun Uhr auf dem Podium saß, war die Wirkung schon wieder verflogen. (Ja, ich weiß, das ist ein Warnzeichen.) Ich ging zu Valium über, was dieselbe Wirkung hatte und während der Rede anhielt.

Aber wenn man sich vor einer Rede mit Tabletten ruhigstellt, dann betäubt das auch genau die Eigenschaften, die man braucht, um eine kraftvolle Rede zu halten: Konzentration und Begeisterung.

Mir half schließlich die Einsicht, dass eine Rede a) nach bestimmten Regeln ablaufen kann und dass b) *wirklich* kraftvolle Redner diese Regeln ignorieren und einfach ihre Rede halten. Letzten Endes ist eine Rede auch nichts weiter als ein Gespräch – mit einer ganzen Reihe von Leuten, die jedoch am Gespräch nicht aktiv teilnehmen.

Man schafft es nie von a) nach b), wenn man nicht übt – Sie müssen einfach jede Menge Reden halten. Hier nun die Regeln, die mir am meisten geholfen haben:

154

Benutzen Sie für die Rede eine Formel.

Suchen Sie sich einfach die für Sie passende aus: »Erstens, sagen Sie den Leuten, was Sie ihnen gleich sagen werden. Zweitens, sagen Sie es dann. Drittens, sagen Sie den Leuten, was Sie ihnen gerade gesagt haben.«

Oder verwenden Sie die magische Formel von Dale Carnegie: »Erstens, erzählen Sie eine lebendige, persönliche Geschichte, die etwas mit dem Thema zu tun hat. Zweitens, empfehlen Sie dem Publikum konkrete Maßnahmen in so einer Situation. Drittens, erklären Sie deutlich, welche Vorteile man von diesen Maßnahmen erwarten kann.«

Es gibt auch noch die Methode Churchill: »Erstens, gießen Sie Gin in ein Glas, und anstatt Wermut hinzuzufügen, drehen Sie sich in Richtung Frankreich und salutieren Sie, dann seihen Sie den Gin über Eis in ein Martini-Glas, und dann nehmen Sie einen Schluck. Zweitens, fangen Sie stark an, am besten mit einer Überraschung – einem Zitat oder einer Geschichte. Nehmen Sie einen Schluck. Drittens, halten Sie sich an eine Botschaft, die man in einem einzigen Satz zusammenfassen kann, und machen Sie das zum Schwerpunkt Ihrer Rede. Dann nehmen Sie einen Schluck. Viertens, bedienen Sie sich einer einfachen Sprache. Dann nehmen Sie einen Schluck. Fünftens, verwenden Sie anschauliche Bilder. Nehmen Sie einen Schluck. Sechstens, beenden Sie Ihren Vortrag mit einem Paukenschlag. Und dann trinken Sie aus.«

Oder gestalten Sie Ihre Rede wie einen TED-Talk: »Erstens, fangen Sie mit einer persönlichen Geschichte an, die erklärt, warum Ihnen das Thema so sehr am Herzen liegt. Zweitens, erzählen Sie noch eine persönliche Geschichte. Drittens noch eine. Viertens, genießen Sie den persönlichen Triumph, dass Ihr TED-Talk der absolute Hammer ist. Fünftens, ziehen Sie eine überraschende Bilanz aus Ihren Geschichten, die sich auf einen einzigen Satz reduzieren lässt, den die Teilnehmer sofort auf allen Social Media-Plattformen teilen werden.«

Es sind zwar sehr unterschiedliche Formeln, sie gehorchen aber alle den Prinzipien Einfachheit, Prägnanz und Wiederholung.

Schöpfen Sie nie die volle Zeitvorgabe aus. **Man hat noch nie jemanden nach einer Rede sagen hören: »Ich wünschte, es hätte zwei Minuten länger gedauert.«**

Nehmen Sie im Laufe der Rede Blickkontakt mit fünf Leuten auf, einer Person in jeder Ecke des Raums und einer in der Mitte. Doch, wirklich, schauen Sie sie an. Reden Sie zu diesen Menschen. Stellen Sie sich vor, dass Sie Fragen beantworten, die diese fünf gestellt haben. Wenden Sie sich direkt an sie. Sprechen Sie sie gelegentlich an. »Ich freue mich, hier zu sein« ist sehr viel weniger mitreißend als »Ich freue mich, hier mit Ihnen reden zu können«.

Machen Sie den Mund etwas weiter auf als sonst. Wie Opernsänger es tun.

Weiter.

Sprechen Sie lauter.

Lauter.

Gehen Sie davon aus, dass alle auf Ihrer Seite sind. Alle

wünschen sich mindestens ebenso sehr wie Sie, dass es interessant wird. Alle wollen, dass Sie Erfolg haben.

Okay, das ist jetzt zu laut.

Dinge, die man in einer Rede niemals sagen sollte

- »Wie ein großer Mann einmal sagte ...«
- »Es fing alles damit an, dass ...«
- »Leute ...«
- »Am Ende des Tages zählt nur ...«
- »Tut mir leid, ich werde gerade ein wenig emotional.«
- »Also sagte ich zu der Frau: ›He, Gnädigste!‹ ...«
- »Ich weiß, uns läuft die Zeit davon, aber ich muss Ihnen unbedingt noch zwölf Punkte nahelegen.«
- »Dieser bewaffnete Schlag hätte beinahe Dünkirchen erreicht! Beinahe, aber doch nicht ganz. Wir kämpften an den Stränden ...«
- »... und ich darf Ihnen jetzt verraten: Dieser großartige Mann war ich.«
- »Wenn Sie mich einen Moment entschuldigen würden, ich gehe kurz hinter die Bühne und versuche zu schlucken.«

Wie man eine Rede hält, wenn man einen Tick zu viele Beruhigungsmittel eingeworfen hat

Also gut, wir stehen das zusammen durch. Ich bin für Sie da. Schön… ich weiß, wie Sie sich fühlen. Es ist, als hätten Sie einen Joint geraucht, gefolgt von einem 50,5-prozentigen Whisky und einer Schlaftablette. Sie sind desorientiert, aber sich Ihrer Verantwortung noch total bewusst und… *schnarch*.

Wachen Sie auf!

Erste Frage, können Sie noch schlucken? Ja? Sehr gut.

Können Sie das Alphabet aufsagen? Ja? Sehr gut.

Können Sie auf einem Bein stehen? Ja? Sehr gut.

Sie sollten jetzt Folgendes tun:

Gehen Sie einmal um den Block. Das füllt Ihren Sauerstoffvorrat auf und feuert Ihre Neuronen an.

Stehen Sie aufrecht, das weitet den Brustkasten und erleichtert es Ihnen…

… tief zu atmen. Aus dem Bauch, nicht aus dem Hals.

Prägen Sie sich Ihren ersten Satz ein. Schreiben Sie ihn

auf. Wenn Sie ihn vorlesen müssen, dann lesen Sie ihn vor. Der Einstieg ist der Türöffner. Wenn Sie den gut hinkriegen, ist das schon die halbe Miete.

Und vergessen Sie nicht: Alle sind auf Ihrer Seite. Alle wollen sich amüsieren und etwas dazulernen. Alle wollen, dass Sie Ihre Sache gut machen. (Was zu einem weiteren wichtigen Punkt führt: **Im Geschäftsleben sollten Sie immer davon ausgehen, dass alle auf Ihrer Seite sind.** Gibt es manchmal jemanden im Raum, der sich wünscht, Sie würden scheitern? Ja. Haben Sie dafür eine Bestätigung? Nein. Dann gehen Sie einfach vom Idealfall aus, und machen Sie weiter. Das gilt nicht nur für diese Rede. Es gilt auch für Sitzungen, für die Gespräche auf dem Flur oder vor der Mikrowelle in der Teeküche, wenn Sie den eisigen Blick des Kollegen im Nacken spüren, der sich gerade einen Tee aufbrüht – an jedem Tag, immer wenn Sie zur Arbeit gehen, sollten Sie davon ausgehen, dass jeder auf Ihrer Seite steht. Belasten Sie sich nicht mit potenziellen Animositäten.)

Machen Sie sich klar, dass niemand von Ihrer Schwäche weiß. Niemand.

Und jetzt treten Sie schon ans Rednerpult.

Moment noch. Könnten Sie bitte noch einmal auf einem Bein stehen? Nur um auf Nummer sicher zu gehen.

Perfekt. Na also, Sie schaffen das!

Wie man mit »wichtigen« Leuten redet

»Wichtig« ist ein heikler Begriff. In meinem Beruf bedeutet wichtig so viel wie auffallend. Vielleicht sogar berühmt. Damit meine ich auch Menschen, die wichtig für meine Karriere waren, wozu Prominente gehören, aber auch alle möglichen Kollegen – Sekretärinnen, Mitarbeiter, Chefs, mögliche künftige Chefs – und ebenso Leute aus meinem professionellen Umfeld: PR-Agenten und andere Medienvertreter. Diese Menschen bedeuten mir alle viel, ich schätze sie sehr – auch wenn umgekehrt sie meinen Namen nicht kennen und wir uns nur ein einziges Mal begegnet sind. Als ich 2011 einen Artikel über Rihanna für den *Esquire* schreiben sollte, war sie mir nicht nur wichtig, weil sie ein Superstar ist – sie war mir auch wichtig, weil ich in ihr meine erste Chance sah, einen ausführlichen Artikel über einen interessanten Zeitgenossen für den *Esquire* zu schreiben. Bei diesem Auftrag stand für mich eine Menge auf dem Spiel.

Meine Beziehung zu Rihanna ist für mich als Journalist nicht weniger wichtig im Hinblick auf meine Karriere als die doch sehr viel engere Beziehung zu meiner talen-

tierten, engagierten Assistentin, welche mir dabei behilf-
lich ist, meine Arbeit stetig zu verbessern. Beide Beziehun-
gen können zu großartigen Dingen führen – sowohl für die
anderen als auch für mich. Es folgen ein paar Tipps, wie
man mit Leuten redet, die wichtig sind. Einige dieser Beispiele sind sehr speziell – bei manchen handelt es sich auch
um sehr spezielle Menschen –, aber ich hoffe, Sie können
jedem Beispiel eine Lektion entnehmen, die Ihnen vermittelt, wie Sie mit den wichtigen Menschen in Ihrem Leben
erfolgreich kommunizieren können.

Ihr Gesprächspartner könnte Ihr Gegenstück vom Konkurrenzunternehmen sein …

Geben Sie kleine Informationshappen heraus. Seien Sie
nicht allzu zugeknöpft. Entspannen Sie sich. Es zeugt von
Schwäche, sich im Beisein von Konkurrenten distanziert
zu verhalten. Es verrät nur, dass Sie nervös sind. Ein Kon-
kurrent ist kein Feind fürs Leben, sondern ein potenzieller
Kollege und Verbündeter.

… oder eine Person, die Ihnen auf einer Party eine indiskrete Frage zu Ihrem Unternehmen stellt

Suchen Sie sich eine der folgenden Optionen heraus:
- »Man weiß nie.«
- »Schwer zu sagen.«

- »Das hängt von vielen Faktoren ab.«
- »Ein Mann muss tun, was ein Mann tun muss.« (wahlweise eine Frau)
- »Wie kommen Sie denn darauf?«
- »Glauben Sie nicht, dass das nur ein Teil der Geschichte ist?«
- »Wir tun, was wir können.«

… oder der Barkeeper

In den letzten zehn Jahren hat sich da etwas verändert. Früher besprachen wir mit Barkeepern unsere Probleme. Heute unterhalten wir uns mit ihnen über selbst gemachte Liköre und trinken den Cocktail, den sie nur für uns gemixt haben, und kosten den obskuren Whisky, den sie uns besonders empfehlen. Sie können natürlich immer noch über Ihre Probleme reden. Oder Ihren Barkeeper nach seinen fragen.

… oder ein Supermodel

Die erste Titelgeschichte, die ich für den *Esquire* schrieb, war ein Artikel über das Supermodel Bar Refaeli, der in der Juli-Ausgabe 2009 erschienen ist. Sie stellte das *Esquire*-Covergirl dar, eine kühne Mischung aus Fotografie, Fiktion und Bodypaint. Das Fotoshooting war für denselben Tag wie das Interview angesetzt. Die Fotos waren als Illustration zu einer Kurzgeschichte von Stephen King ge-

plant, deren erste Worte auf dem Titelbild stehen sollten ...
und zwar auf ihren nackten Körper aufgemalt. So saßen
wir beide ganz allein auf einer kalten Bank am Chelsea
Piers, einem großen Gebäudekomplex an der Lower West
Side von Manhattan, in dem Sportstudios und Fotoateliers
untergebracht sind, und ich sah ihr beim Rauchen zu.

Ich war es nicht gewohnt, berühmte Menschen zu interviewen – Refaeli war jetzt nicht so wahnsinnig berühmt,
aber sie hatte immerhin ein Verhältnis mit Leonardo Di
Caprio und war mit Abstand die berühmteste Person, die
ich je interviewt hatte. Folglich war ich nervös.

Wir saßen also nebeneinander auf der Bank und schauten auf den grauen Fluss. Sie trug kaum Make-up und
hatte ein Flanellhemd und Leggings an. Und sie rauchte.
Ihr Stirnrunzeln war unübersehbar. Da saßen ein Journalist und ein Supermodel mitten in Manhattan auf einer
Bank, die aber eher wirkten wie ein Pärchen, das seine Beziehungskrise auf einem Busbahnhof in Oregon austrug.

Vielleicht langweilten sie meine Fragen. Ich war mir
sicher, dass es so war.

Wenn man Prominente interviewt, dann reden sie meistens über ihre aktuellen »Projekte«. Das ist eine stillschweigende Übereinkunft. Sie schenken uns etwas von
ihrer Zeit, wir stellen im Gegenzug ihr Projekt in unserer
Zeitschrift vor. Aber das ist einfach nicht besonders interessant. Über ein »Projekt« zu sprechen ist nur Marketing-
Gerede. Die Promis haben eingeübt, was sie sagen wollen,
und sie mögen es gar nicht, vom Drehbuch abzuweichen.

Das trifft natürlich nicht immer zu. Eine Ausnahme

bilden die Comedians, die allesamt großartige Interview-partner abgeben, weil sie ihren Lebensunterhalt damit bestreiten, grandiose Antworten zu liefern. Ein Interview mit ihnen ist wie eine Kette von Stichworten, die es ihnen erlaubt, neues Material für ihre Auftritte auszuprobieren. Chris Rock hat es in dieser Kunst zur absoluten Meisterschaft gebracht. Patton Oswalt und Louis C. K. sind aber auch nicht schlecht.

Wenn ich unter dem Druck stehe, Menschen zu Themen zu befragen, an denen ich kein persönliches Interesse habe, wirkt sich das seltsam auf mich aus. Ich entwickle eine temporäre Persönlichkeitsstörung. Ich höre mich zwar reden, aber es klingt gar nicht so, als wäre ich es, der da spricht. Meine Lippen bewegen sich, und es kommen Töne heraus, aber die Stimme gehört mir nicht. Es ist die Stimme eines entfernten Vetters – eines Vetters, der nicht sehr intelligent ist und viel zu oft »total« sagt. Ich distanziere mich innerlich von dieser Stimme.

Infolgedessen wird das Interview langweilig, peinlich, seelenlos. So erging es mir auch mit Bar Refaeli.

Nach fünfzehn Minuten hatte ich alle Fragen, die auf meinem Notizblock standen, durch. Ich wusste nicht, was ich noch sagen sollte, also erkundigte ich mich: »Äh, wie modeln Sie? Also, wie genau gehen Sie vor?«

»Wie meinen Sie das?«

»Wie funktioniert das? Welche Fertigkeiten braucht man dafür?«

»Es gibt ein paar Tricks. Die Handfläche – man muss sie ausstrecken, die Finger lang machen.«

Sie formte die Finger zu Klauen und rollte sie wieder aus. Dann streckte sie ihr Bein aus wie eine Ballerina, bis es eine anmutige Linie bildete. Irgendwie wurde dadurch auch ihr Schlüsselbein klarer modelliert.

Während sie über die Tätigkeit eines Models sprach, stand sie auf und gab mir praktische Beispiele dafür. Ihre Vorführung wirkte sehr technisch, sie sah nicht unbedingt schöner dabei aus. Sie schien einfach geschmeidiger, größer, selbstsicherer.

Man holt am meisten aus einem Gespräch mit einem berühmten Zeitgenossen heraus, wenn man mit ihm wie mit jedem anderen Menschen redet: Denken Sie an etwas, was der Prominente den ganzen Tag über tut, wonach sich aber noch nie jemand erkundigt hat. Seine Antworten werden umfassend und tiefgründig ausfallen, weil er über diese Dinge in jeder nur erdenklichen Hinsicht nachgedacht hat. Ein Sänger hat sich haufenweise Gedanken über Proben gemacht, wie man sich auf der Bühne bewegt, wie man ins Publikum schaut. Ein Klempner weiß unendlich viel über Rohrleitungen, ein Versicherungsmakler alles über Risiken. Und ein Supermodel hat sich viele Gedanken über den Körper gemacht – nicht nur, was man mit den Armen und Beinen anstellt, sondern auch mit den Fingern und Zehen.

Die Leute lieben es, über das zu reden, was sie tatsächlich in ihrem Beruf tun. Nicht über ihre *Stellung*, sondern über ihre Arbeit.

… oder ein nacktes Supermodel, auf dessen Körper die ersten Worte einer Stephen-King-Kurzgeschichte geschrieben wurden, und Sie müssen ihre Körperbemalung Korrektur lesen, weil Sie der einzige dafür Qualifizierte im Fotoatelier sind

He, Alter, kannst du sie mal Korrektur lesen?

Wie bitte?

Kannst du das mal durchlesen und schauen, ob alles richtig ist?

Blickkontakt, Blickkontakt, Blickkontakt. Sie gehen auf Bar Refaeli zu und lächeln. Augenkontakt. Sie erwidert das Lächeln nicht, weil sie nackt ist und auf einem harten Podest steht und jemand ihr eine Stephen-King-Geschichte auf den Körper schreibt und ein anderer Jemand, den Bar Refaeli kaum kennt, dümmlich zu ihr sagt: »Ich lese nur mal kurz über Sie drüber, wenn es Ihnen nichts ausmacht.« Auch wenn Ihr Lächeln kein Echo bei Ihrem Gegenüber auslöst, sollten Sie es jetzt stur beibehalten. Dann lösen Sie den Blickkontakt, lächeln immer noch tapfer, lesen drei Mal über ihren Körper und schärfen sich ein, die Zeichensetzung nicht zu vernachlässigen. Sie bedanken sich und verabschieden sich.

... oder eine Person, die im Büro in Tränen ausbricht

Sie müssen wissen, dass Weinen eine wichtige körperliche Reaktion auf Stress ist, nach der es uns besser geht. So intensiv und traurig es auch in Erscheinung tritt, das Weinen ist der Anfang der Besserung. Lassen Sie die Person also weinen. Sagen Sie nicht: »Bitte hören Sie auf«, und auch nicht: »Das ist doch kein Grund zu weinen.« Weinen ist kathartisch. Man sollte es nie unterdrücken. Aber gehen Sie auf die Tränen nicht ein. Sprechen Sie so, als würde Ihr Gegenüber nicht weinen. Und reden Sie so lange weiter, bis der Betreffende aufhört zu weinen oder sich entschuldigt. Lenken Sie die Aufmerksamkeit vom Weinenden ab. Sprechen Sie darüber, wie Sie einmal in einer ähnlichen Situation steckten. Erzählen Sie eine Beispielgeschichte, wenn Sie eine kennen. Deklamieren Sie notfalls den berühmten Monolog aus *Hamlet*, aber reden Sie weiter. Rücken Sie den andern aus dem Rampenlicht, denn sonst wird es ihm immer peinlicher, und seine Versteinerung nimmt zu.

... oder ein Radio- oder Fernsehmoderator, der Sie interviewt

Denken Sie nicht an die Zuhörer beziehungsweise Zuschauer, denken Sie nur an Ihren Interviewer. Konzentrieren Sie sich auf jedes seiner Worte. Das wird Ihnen leichtfallen, denn im Rahmen dieses Interviews sind *Sie* der wichtigste Mensch auf der Welt. Wenn es ein gutes Interview werden soll, muss es – auf beiden Seiten – Konzentration, Engagement und Feinschliff geben. Reden Sie, als wäre es Ihr erstes Rendezvous, als ob alles, was Sie von sich geben, brillant, lustig und originell wäre. Seien Sie an den Fragen ebenso interessiert wie an Ihren Antworten. Hören Sie zu.

... oder ein berühmter Rapper

Ich stand vor dem Eingang der G-Unit-Studios in der Einundvierzigsten Straße und war ein wenig, äh, nervös.

Ich sollte Curtis »50 Cent« Jackson für die Reihe »Was ich gelernt habe« im *Esquire* interviewen. In dieser Kolumne werden nur die Worte des Interviewten abgedruckt – Weisheiten aus einem gut geführten Leben. Man muss also bei dem Interview tief graben. Man muss tiefe Einsichten herauskitzeln. Ich wollte ihn natürlich zu seiner Musik befragen, aber auch zum Tod seiner Mutter, als er noch ein kleiner Junge war, zu seinem Leben als Krimineller (oder *Bad Boy*, wie es beschönigend heißt), und wie es war, innerhalb von Sekunden neun Mal angeschossen zu werden, und zu vielen anderen Dingen, die gemeinhin als, äh, heikel betrachtet werden. Und all das wollte ich einen Mann fragen, der knallharte Zeilen – in denen es um Todesdrohungen und Blut, das ihm in die Augen läuft – knallhart, ohne einen Funken von Ironie und so singt, als wäre es ihm völlig ernst damit. Darum war ich nervös. Ganz zu schweigen davon, dass die Büroräume der G-Unit-Studios gerade umgebaut wurden. Die gesamte Belegschaft war in ein oder zwei Räume gequetscht, und den einzigen Platz für das Interview bot ein Raum, in dem gerade gearbeitet wurde. Handwerker gingen dort ein und aus, und man hörte Sägen, Bohren, Hämmern und Schleifgeräusche.

Und dann kam er auf mich zu.

Wenn man 50 Cent trifft (er bestätigte mir übrigens, dass man es »Fifty« ausspricht), dann wird die Begegnung von einer einzigen Sache bestimmt. Seinem Lächeln.

Wie kann man das strahlende Lächeln von 50 Cent beschreiben? Ich probiere es mal so: Stellen Sie sich vierzig kleine Kätzchen vor, die Ihnen zuzwinkern. Oder eine Sonnenblume, die Ihnen den Daumen nach oben gereckt entgegenhält. Oder einen Panda, der einen Anzug wie Dick Van Dyke in der Park-Szene von *Mary Poppins* trägt und zu Ihnen sagt: »Schön, Sie kennenzulernen!«

Wir schüttelten uns die Hände (komplette Handfläche, moderater Druck), und immer noch lächelnd sagte er: »Das wird ein spannendes Interview.«

Anmerkung: Wenn Sie je von einem Journalisten oder sonst wem interviewt werden, dann ist das ein guter Einstieg. Denn Sie bewirken damit dreierlei:

1. Ihr Gegenüber ist prompt entwaffnet. (Prominente sagen so etwas nie-nie-nie zu Beginn eines Interviews. Für gewöhnlich sagen sie: »Schön, Sie kennenzuler-

nen« – in einem Tonfall, der durchblicken lässt, dass dem nicht so ist. Und daraufhin starren sie Sie so an, wie Sie die Wand anstarren, wenn der Arzt Sie an einer intimen Stelle untersucht.

2. Es garantiert ein positives Ergebnis.
3. Es ließ mich wissen: »Ich habe darüber nachgedacht. Und es ist mir wichtig.«

Möglicherweise sagt er das zu allen Journalisten, aber es war ein grandioser Einstieg. Und das entspannte mich.

Und ich hatte es wirklich nötig, lockerer zu werden.

Während wir uns unterhielten, nahm er jedes Mal, wenn das Bohren, Hämmern und Schleifen wieder anfingen, das Aufnahmegerät in die Hand und hielt es sich näher an den Mund. Das war nur eine kleine Geste, aber enorm hilfreich und aufmerksam. Und es zeigte mir, dass er ein Partner auf Augenhöhe war.

Ich lese den aus dieser Begegnung entstandenen Artikel immer wieder gern. Nicht nur wegen Zeilen wie diesen: »Warten Sie nie darauf, bis Sie Antworten bekommen. Seien Sie derjenige, der die Antworten gibt.« Oder »Hiphop ist arrogant, weil die *Typen* arrogant sind.« Oder »Man sollte immer Geld für die Kaution zurücklegen.« (Großartiger Tipp!) Der Erfolg des Artikels war in dem Gefühl begründet, das 50 Cent mir vermittelte, als wir uns trafen: »Sie sind auch wichtig.« Er wollte, dass diese Zeit mit mir nicht umsonst war. Er wollte sich überraschen und begeistern lassen. Er wollte, dass alle locker und entspannt waren. Er wollte mit mir an ein und demselben Strang ziehen. Er wollte, dass es interessant wird. Und das wurde es. Wenn Sie mit wichtigen Leuten reden, dann müssen Sie sich immer dessen bewusst sein, dass Sie ihnen gleichgestellt sind.

… oder ein Mensch, der sich in einer Sitzung langweilt

Wenn Sie eine Sitzung leiten, dann konzentrieren Sie sich auf die Leute, die einen Redebeitrag leisten. Hören Sie zu. Das lässt alle im Raum wissen, dass sie nicht nur gehört werden, sondern dass ihre Meinung auch zählt. Über das, was sie sagen, wird nachgedacht – wenn auch nicht von allen, aber auf jeden Fall von Ihnen. Das vermittelt, dass hier etwas Wichtiges passiert, und das weckt die Leute auf.

… oder ein mäßig berühmter Prominenter auf einer Party

Ich habe keine Ahnung, was man da machen kann. Ich habe es versucht, aber ich weiß nicht, wie man gut mit ihnen reden kann. Smalltalk scheint nicht zu funktionieren. Echte Gespräche aber auch nicht. Mäßig berühmte Prominente sind schwierig. Es ist, als seien sie noch nicht lange genug berühmt, um wirklich selbstbewusst zu sein, und noch nicht berühmt genug, um wieder bescheiden zu sein und Interesse an Ihnen als Gesprächspartner zu haben.

… oder ein Top-Manager eines großen Konzerns

Hören Sie einfach zu. Diese Leute haben eine ausgeprägt dominante Persönlichkeit und wollen weiter nichts, als dass Sie ihnen zuhören. Und da diese Leute umgekehrt Ihnen niemals Gehör schenken werden, können Sie genauso gut einfach ihnen zuhören.

… oder ein berühmter Popstar

Als Vorbereitung auf das Interview mit Rihanna las ich ein Buch über die Geschichte von Barbados – jenem Land, in dem sie aufwuchs und lebte, bevor sie im Alter von sechzehn Jahren in die USA kam. (Die dortige Zuckerrohrindustrie wurde von jüdischen Flüchtlingen aufgebaut, wer hätte das gedacht?) Ich hörte mir drei Wochen lang intensiv ihre Musik an. (»Pon de Replay« von ihrem ersten Album: absolut unterschätzte Single.) Ich hörte mir alle Alben an, von denen sie gesagt hatte, dass sie davon beeinflusst worden war. (Der Titel-Track von Brandys Album *Afrodisiac* ist ein echtes Highlight.) Ich ging an dieses Interview heran, als wäre ich ihr offizieller Biograf.

Wenn ich eine neue Aufgabe in Angriff nehme, übertreibe ich es gern. Ich tauche kopfüber ein.

Das geschieht ganz automatisch. Wenn ich das Gefühl habe, keinen Zugang zur anstehenden Aufgabe zu haben, dann versuche ich, sie mir zu eigen zu machen, indem ich endlos recherchiere und mehr über das Thema nachdenke, als eigentlich nötig wäre. Obgleich mich auch das noch lange nicht zum Spezialisten macht, werde ich mich vor meinem Scheitern doch zumindest irrational intensiv mit dem Thema beschäftigt haben. Das handhabe ich bereits damals bei der Firmenzeitung der Fluggesellschaft so. Und so hielt ich es auch mit meinen Interviews für den *Esquire*. Und natürlich auch bei Rihanna.

Ich sollte die Sängerin für die jährliche »Sexiest Woman Alive«-Ausgabe interviewen, aber ich entwickelte einen solchen Ehrgeiz, als sollte es das erste Prominenten-Profil werden, das mit dem Literaturnobelpreis ausgezeichnet würde (ganz zu schweigen davon, dass es mein erster Artikel für ein landesweit verbreitetes Magazin war).

Für einen solchen Artikel trifft man sich üblicherweise neunzig Minuten lang mit dem Prominenten in irgendeinem Restaurant zum Mittagessen, und anschließend schreibt man ein kurzes Profil, das dem Leser ein wenig von diesem Essen erzählt (»sie bestellte – lustlos – ein Croissant«) und ein wenig vom Leben des Prominenten (»alles fing in einem kleinen Provinznest an«).

Für meinen Artikel bekam ich also nur neunzig Minuten in einem Restaurant in Los Angeles zugeteilt, darum beschloss ich, Rihanna zu »beschatten«. Jemanden zu beschatten klingt faszinierend, ist es aber nicht. Man hängt einfach überall dort ab, wo sich der Interviewpartner aufhält. Im Grunde wird man zum Stalker. Während meiner Beschattungsaktion von Rihanna besuchte ich zwei ihrer Shows im Großraum New York – eine auf Long Island und eine in New Jersey –, hing beide Male hinter der Bühne ab, unterhielt mich mit ihrem PR-Agenten, mit den Musikproduzenten, die sie entdeckt hatten, als sie fünfzehn Jahre alt war, mit ihrem Manager, mit Kanye West, mit der Garderobiere und den Tänzerinnen, die so voll manischer Energie waren, dass man mit ihnen unmöglich normal reden konnte. Background-Tänzerinnen erinnern oft an Eichhörnchen. Und dann flog ich nach Los Angeles für das kurze Interview. Ich flehte meinen Chef an, mir danach eine Woche Barbados zu erlauben, damit ich aus erster Hand Rihannas Heimatland in Augenschein nehmen konnte. Das war doch ein wenig zu viel des Guten. Aber meinem Artikel sollte es auf keinen Fall an Hintergrundmaterial mangeln.

Das Interview fand eine Woche nach der Show auf Long Island in Rihannas Lieblingsrestaurant in Los Angeles statt, einem Italiener, dessen Fenster von Büschen zugewuchert waren und in dem vor allem Prominente verkehrten. Sie aß dort drei oder vier Mal die Woche. Als ich ankam, war Rihanna bereits mit fünf anderen Frauen vor Ort. Ich trat an ihren Tisch und fragte sie, ob es jetzt ein guter Zeitpunkt für unser Gespräch sei.

»Klar«, sagte sie.

Sofort standen ihre Begleiterinnen geschlossen auf und setzten sich an einen anderen Tisch.

Das war schon beeindruckend.

Nachdem wir die üblichen Nettigkeiten ausgetauscht hatten, erklärte ich ihr, dass ich keinen der üblichen Promi-Artikel schreiben wollte. Und auf gar keinen Fall ein stereotypes Sexy-Lady-Profil! Nein, das hier – *das hier!* – ist echter Journalismus, Miss Rihanna Fenty aus Bridgetown,

Barbados. Journalismus! Wenn Sie einverstanden sind, habe ich jetzt ein paar Fragen an Sie.

(Ich ähnelte nicht direkt einem Jungreporter aus einem Dreißiger-Jahre-Schwarz-Weiß-Film, aber mein Auftritt ging schon in diese Richtung.)

Rihanna sah mich ohne erkennbare Reaktion auf meine kühne Ankündigung an und fragte: »Möchten Sie auch ein Glas Moscato?«

Ich spickte den ersten Teil des Gesprächs mit einigen ausgefallenen Details zu Barbados. Sie schien wenig beeindruckt. Ich stellte ihr Fragen zur Musikindustrie, aber sie wirkte gelangweilt. Keine meiner Fragen schien bei ihr zu zünden. Es war kein gutes Interview.

Und dann erkundigte ich mich bei ihr nach dem Haus, in dem sie aufgewachsen war.

Wir sprachen nicht über »Barbados«. Wir sprachen über die Hütte, in der sie als Kind gelebt hatte, in Hörweite des Kricket-Stadions, in dem sie wenige Wochen nach unserem Interview auftreten würde.

Das war es. Das Einzige, was sie interessierte, waren Einzelheiten. Das Einzige, was mich interessierte, waren Einzelheiten. Die Details des Lebens. Wie sie *tatsächlich* lebt.

Es war herrlich.

Ihr Gesichtsausdruck veränderte sich vollkommen. Ihre Körpersprache wechselte von »noch ein Journalist, der die ewig gleichen Fragen stellt« zu »ich darf zur Abwechslung mal über etwas anderes reden«.

Sie schien erleichtert, als ich sie fragte, wie es war, von

ihrer Mutter großgezogen zu werden, mit fünfzehn vor zwei amerikanischen Musikproduzenten aufzutreten und anschließend bei einem der Produzenten und seiner Familie in Connecticut zu wohnen, während die Verhandlungen mit dem Plattenstudio in New York liefen. Ich ließ sie erzählen, wie es sich angefühlt hatte, den ersten Plattenvertrag mit Def Jam Recordings abzuschließen – buchstäblich an einem Konferenztisch zu sitzen, ganz in Weiß gekleidet, und von einer Unterschrift zur nächsten immer breiter zu grinsen.

Vergessen Sie nicht: Wichtige Menschen haben alle eine Vergangenheit, in der sie nicht so wichtig waren.

… oder jemand an seinem ersten Arbeitstag

»Gratulation und herzlich willkommen, wir freuen uns alle, dass Sie hier sind.« Das Gratulieren ist enorm wichtig. Das zeigt ihnen, dass sie einen Hauptgewinn gezogen haben. Und so ist es ja auch.

… oder ein Politiker

Für einen der seltsamsten Artikel, den ich mir je ausgedacht habe, reiste ich mit einer Foto-Crew nach Los Angeles ins Hyatt Regency Century Plaza zur Jahrestagung der amerikanischen Bürgermeister. Ich wollte so viele Bürgermeister wie nur möglich fotografieren und interviewen. Kleinstadtbürgermeister. Großstadtbürgermeister. Männer. Frauen. Bescheidene Staatsdiener. Schillernde Egomanen.

Die Idee war, durch die Fotos und Interviews mit diesen Menschen etwas Schnappschussartiges von Amerika zu erhalten.

Die ganze Sache schüchterte mich ein. Ich würde es mit sehr viel geballter Macht auf einmal zu tun bekommen. Mit wichtigen Menschen. Mit Entscheidungsträgern.

Ein Bürgermeister nach dem anderen betrat das große Zimmer, in dem das Fotoshooting stattfand. Ich begriff schnell, wie man mit Bürgermeistern reden muss. Man stellt ihnen Fragen zu ihrer Stadt. Zu den Straßen. Den Schulen. Man erkundigt sich nach ihren Verantwortungsbereichen.

Einige dieser Bürgermeister wurden später in den US-Kongress gewählt, wurden Gouverneure, mögliche Präsidentschaftskandidaten. Wenn ich sie im Fernsehen sehe, denke ich: »He, während des Fotoshootings wirkten Sie wie ein Reh im Scheinwerferlicht.« Oder: »He, Sie hatten damals den Hosenstall offen.« Oder: »He, Sie haben wie ein Schwein geschwitzt.«

Wenn Sie »wichtige« Menschen beobachten, stellen Sie rasch fest, dass sie genau wie Sie sind. Wichtige Menschen suchen wie wir alle nach den richtigen Worten, schnäuzen sich auf merkwürdige Weise, haben Spinat zwischen den Zähnen. Gelegentlich werden Sie von ihnen gelangweilt sein. Sie werden mitbekommen, wie sie beim Essen kleckern. Sie werden erleben, wie sie den Faden verlieren. Bei Gesprächen – mit »wichtigen« Menschen wie mit allen

anderen – geht es darum, den wahren Menschen zu entdecken, jenseits von Status und Stellung.

… oder ein Praktikant

Begrüßen Sie sie. Schenken Sie ihnen ein Lächeln. Erkundigen Sie sich, woran sie arbeiten. Lassen Sie sie wissen,
wie wichtig sie sind. Denn das sind sie. Und außerdem
werden sie nicht immer Praktikanten bleiben. Vielleicht
wird jemand Wichtiges aus ihnen. Außerdem sind sie jetzt
schon wichtig. Seien Sie nett zu Praktikanten.

Wie man sich im Büro richtig kleidet

Ich selbst bin kein Meister darin, mich schick zu kleiden. Obwohl ich für ein Magazin arbeite, das als führende Institution auf dem Gebiet der Männermode gilt, werde ich niemals »modisch« sein. Es erfordert viel Arbeit, sich modisch zu kleiden. Ich stehe nicht wirklich dahinter, so etwas zu wollen. Natürlich möchte ich »gut« aussehen. Aber mir ist es egal, ob ich auch »großartig« aussehe. Ich gehe jetzt mal davon aus, dass Sie ähnlich gelagert sind wie ich, und richte die nächsten beiden Kapitel deshalb speziell an Sie.

Wenn Sie meinen, Mode sei Ihnen »egal«, dann ist das in Ordnung. Aber Kleidung ist wichtig. Sie hat die Macht, Ihre Berufsaussichten zu verändern. Was Sie tragen, repräsentiert Sie, und wenn Sie diese offensichtliche Wahrheit ignorieren, verweigern Sie sich ein wirklich machtvolles Hilfsmittel. (Einige der Leute, die behaupten, ihnen wäre ihr Äußeres egal, verbringen in Wirklichkeit viel Zeit, ihr äußerliches Erscheinungsbild darauf auszurichten. Und zu ihrem Image gehört es auch, die entsprechende Kleidung zu kaufen und zu tragen.)

Ungefähr ein Jahr, nachdem ich beim *Esquire* angefangen hatte, sagte mein Chef zu mir: »Ich möchte, dass Sie ab sofort mit Nick zusammenarbeiten.« Er wollte mich als Verbindungsmann zwischen Textredaktion und Moderedaktion, die der gebürtige Brite Nick Sullivan leitete. Das war ein wichtiger Job, denn Nick Sullivan und seine Mitarbeiter waren zwar großartige Texter, aber ihre Hauptaufgabe bestand darin, den Bereich der Mode abzudecken, und nicht, sich mit Texten herumzuschlagen. Das war wiederum meine Aufgabe. Dafür musste ich nichts von Mode verstehen, aber Grundkenntnisse wären natürlich hilfreich gewesen. Es war nicht an mir, meinen Chef darauf hinzuweisen, dass es eine dumme Idee war, den schlechtest gekleideten Redakteur des Magazins mit dem am besten gekleideten zusammenzuwürfeln, also schaute ich nur hinunter auf meine bequemen, quadratischen Schuhe und sagte: »Äh, kein Problem.«

Meine ersten Wochen als Verbindungsoffizier von Text und Mode bestanden darin, die technischen Grundlagen für diesen Job zu erlernen: Wie viel von der Manschette sollte unter dem Sakko-Ärmel hervorblitzen? (Etwas weniger als ein Zentimeter)... Wie sollte die Silhouette eines Anzugs aussehen? (Schmal, wie auf den Leib geschneidert)... Warum sollte man bei einer Anzugjacke mit drei Knöpfen niemals den obersten Knopf zuknöpfen? (Weil man dann wie ein Chauffeur aussieht)... und wenn ein neues Sakko oder ein Jackett so wirkt, als könnte es schon nach dem nächsten Drei-Gänge-Menü unangenehm kneifen, dann passt es nicht so gut, wie es sollte...

»Flanellhosen.« Ja. »Baumwollhosen.« Gut. »Jogging-
hosen.« Niemals... Und die allerwichtigste Moderegel:
**Einen heraushängenden Faden immer abschneiden,
niemals daran ziehen.**

Ich dachte, ich müsste nur alles über einzelne Kleidungsstücke lernen. Aber ich musste sehr viel mehr lernen.
Ich lernte etwas über Stil. Und Stil ist weitaus interessanter. Denn beim Stil dreht es sich nicht um Kleidungsstücke,
sondern um Ideen.

Und die größte Idee ist natürlich: Selbstvertrauen.

Selbstvertrauen ist schwer zu erlernen. Manche von
uns scheinen damit auf die Welt gekommen zu sein. Aber
Studien zeigen, dass es auch unser Denken formt, unsere
Körpersprache und sogar, wie wir uns kleiden.

Diese letztgenannte Form des Selbstvertrauens – im Zusammenhang mit konkreten, stofflichen, käuflichen, trag-
baren Dingen – steht natürlich jedem offen. Was es zu
einem erstaunlich effizienten Hilfsmittel am Arbeitsplatz
macht.

Es gibt ein (amüsantes) Phänomen, das vor Kurzem von
Forschern an der Columbia University entdeckt wurde:
»kognitive Oberbekleidung« – die Wirkung, die Kleidung
auf menschliche Denkprozesse ausübt. Unter anderem
stellten die Forscher an der Columbia fest, dass jene Personen, die einen Arztkittel trugen, sich bei Tätigkeiten stärker auf Details konzentrierten als Personen in Straßenklei-
dung. Die Schlussfolgerung: Kleidung kann Sie tatsächlich
in einen veränderten psychologischen Zustand versetzen.
Denken Sie an Ihr Lieblingshemd beziehungsweise Ihr

Lieblingskleid: Seine Macht liegt nicht so sehr darin, wie es aussieht, sondern welche Gefühle es in Ihnen weckt. Sie fühlen sich darin selbstsicher. Nach einem meiner ersten Besuche in der Mode-Redaktion, bei dem ich ziemlich viele selbstironische Kommentare über meinen Kleidungsstil von mir gegeben hatte, trat einer der Redakteure dort auf mich zu und fragte: »Soll ich Sie beim Schuhkauf beraten?« Ich erwiderte voller Dankbarkeit. »Ja, gern.« Ich gehe nur ungern einkaufen. Eigentlich brauche ich dafür – ebenso wie für eine Rafting-Tour auf einem reißenden Fluss – einen Führer. An diesem Abend suchten wir ein paar Läden an der Fifth Avenue auf, und ich kaufte mir ein schönes Paar Schuhe. Ich hatte noch nie so viel Geld für Schuhe ausgegeben. Aber ich fühlte mich in den Schuhen sofort selbstsicherer, furchtloser, ungezwungener. Es waren Oxfords mit verstärkter Zehenkappe. Ich weiß nicht, warum ich von Anfang an eine derartige Vorliebe für sie entwickelte. Aber wann immer ich sie trage, fühle ich mich kompetenter.

Ich trage sie bis heute. Ich musste sie in der Zwischenzeit ein paar Mal neu besohlen lassen und poliere sie alle paar Wochen, aber ich trage sie immer noch, und die Investition hat sich bereits mehrfach ausgezahlt. Diese Schuhe wurden mein Arztkittel. Sie veränderten mich auf dieselbe Weise, wie es das Lob eines Kollegen oder eine Gehaltserhöhung tut. Der Unterschied ist aber, dass Sie dazu keinen anderen Menschen brauchen. Kleidung zu tragen, in der Sie sich gut fühlen – und kompetent und selbstsicher –, ist, als ob Sie sich selbst eine Beförderung genehmigen. Sie sollten das jeden Tag tun. Eine solch professionelle Gelegenheit sollte man sich wirklich nicht entgehen lassen.

Stilregeln für Bürokleidung, von denen man ständig hört – plus einer, von der Sie noch nie gehört haben

Die üblichen »Wie man sich kleiden sollte«-Regeln für den Arbeitsplatz lauten in etwa wie folgt:

- Graue und dunkelblaue Anzüge für Männer. Graue, dunkelblaue und schwarze Kostüme für Frauen
- Kein Eau de Cologne und kein Parfüm
- Keine Knitterfalten
- Besser zu schick als zu einfach gekleidet sein
- Unifarben, gestreift oder dezent gemustert

Diese allgemein anerkannten Regeln sind jedoch zu streng (und auch ein wenig veraltet).

Das Problem ist nämlich: Ich kenne die Moderegeln Ihrer Branche nicht. Vielleicht wirken Sie ja ohne Sakko fehl am Platz. Oder ohne Kapuzenshirt. Womöglich müssen Sie auch ein übergroßes Biberkostüm tragen, weil Sie das Maskottchen eines Sportvereins sind.

Ich weiß nicht, wie Sie sich am besten für Ihr Bewerbungsgespräch kleiden sollten. Aber eines weiß ich: Sie müssen das Gefühl haben, dass die Leute dort Sie mehr brauchen, als umgekehrt Sie diesen Job brauchen. Was immer Sie auch anziehen. Dann werden Sie auf jeden Fall das Richtige tragen.

(»Sie sehen gut aus.«)

Anhand meiner Empfehlungen die Bekleidung zu finden, in der man gut aussieht und die einem Selbstvertrauen schenkt, ist jedoch nur der erste Schritt. Der nächste Schritt bestand für mich darin, ein Konzept anzuwenden, das mich umhaute und meinen Stil (und noch jede Menge andere Dinge) für immer veränderte.

Sprezzatura!

Das *Sprezzatura*-Prinzip wurde im sechzehnten Jahrhundert von Baldassare Castiglione in seinem Buch *Der Hofmann* geprägt, eine Art Knigge für Höflinge während der Renaissance. In dem Buch heißt es: »Man vermeide in jeder Hinsicht Affektiertheit und praktiziere in allen Dingen eine gewisse *Sprezzatura* [Leichtigkeit], um Künstlichkeit zu vermeiden und alles, was getan oder gesagt wird, mühelos erscheinen zu lassen, beinahe so, als habe man nicht groß darüber nachgedacht.«

Ich stieß auf dieses Prinzip, als ich einen Artikel für den halbjährlichen Stil-Leitfaden des *Esquire* namens *The Big Black Book* überarbeitete. Während ich die Fotos betrachtete, fiel mir auf, dass Nick Sullivan seine Models – normale Männer, keine Profis, so war das damals beim Magazin üblich – zwar in maßgeschneiderte Anzüge steckte, aber auf jedem Foto fiel irgendetwas »aus dem Rahmen«. Auf einem Foto saß der Kragen ein wenig schief, bei einem anderen trug der Mann keinen Gürtel, auf wieder einem anderen war die Krawatte zu kurz, und beim nächsten schienen sich Hemd und Krawatte »zu beißen«. Die Kleidung saß nicht perfekt, war unordentlich. Dennoch sahen die Männer fantastisch aus.

Das war eine Offenbarung für mich. Beim Anblick dieser Fotos war ich so fasziniert wie bei meinem Besuch des Museums für Moderne Kunst in Forth Worth einige Jahre zuvor, als ich auf Robert Rauschenbergs Skulpturen stieß, die er in den frühen Neunzigern geschaffen hatte. Eigentlich war das nichts weiter als künstlerisch angeordneter Müll – alte Fahrradreifen und rostige Werkzeugkästen und achtlos weggeworfene Pappkartons –, aber für mich waren die Skulpturen so vollkommen wie ein Seerosenbild von Monet. Auf dieser Rauschenberg-Ausstellung begriff ich zum ersten Mal, welche Macht Kunstwerke ausüben können. Durch den *Sprezzatura*-Artikel in *The Big Black Book* begriff ich zum ersten Mal die Macht, die Stil-Empfinden verleiht.

Sprezzatura erlaubt – wichtiger noch, fördert – Launen, Nachlässigkeiten, Mängel. Ihre Krawatte sitzt schief? *Sprezzatura.* Ihr Hemd steckt nicht korrekt in der Hose? *Sprezzatura.* Die Muster passen nicht zusammen? *Sprezzatura.* Sie tragen Ihren Pulli versehentlich verkehrt herum? Nennen Sie es *Sprezzatura,* und kümmern Sie sich nicht weiter darum. *Sprezzatura* fördert Individualität, Widersprüche, Knitterfalten. Die Italiener sagen (in freier Übersetzung): »Scheiß drauf. Mehr oder weniger.« *Sprezzatura* gestattet Ihnen, *gleichzeitig* formell und leger auszusehen.

Diese Einstellung betrifft nicht nur Ihren Stil, sie besitzt auch für Ihren Job Gültigkeit. Ihre Arbeit und alle gesellschaftlichen Interaktionen im beruflichen Umfeld sollten nicht perfekt sein. Also, sie können es *per se* schon nicht sein. Aber sie *sollten* es auch gar nicht sein. Ihre Arbeit sollte Knitterfalten aufweisen. Sie sollte Zeichen der Abnutzung tragen, durchblicken lassen, dass Sie Neues ausprobieren und Risiken eingehen. Sie sollte ein klein wenig unordentlich sein.

In den beiden Jahren meiner Zusammenarbeit mit der Mode-Redaktion habe ich eines gelernt: **Stil wird von Regeln geordnet, aber nicht regiert.** Und Ihr eigener Stil ist erst dann vollständig, wenn er mit Selbstvertrauen gepaart ist. Es ist eine symbiotische Beziehung: Die Kleider stärken Ihr Selbstvertrauen, und durch Ihr Selbstvertrauen sieht Ihre Kleidung besser aus. Im Laufe der Zeit – vielleicht schon binnen weniger Monate – baut sich Ihr Stil immer weiter auf, bis die Leute Sie für jemanden halten, der so aussieht, als wüsste er, was er tut – in Sachen Kleidung und bei der Arbeit. *Sprezzatura* weiß, dass Vollkommenheit – beim Outfit sowie bei allem anderen – unmöglich ist; sie anzustreben ist dumm. *Sprezzatura* zeugt von Selbstvertrauen, es ist ein Leitfaden fürs Leben, und es ist ein verdammt gutes Mantra.

Mantras aus dem Sprüchebuch eines Hochstaplers

Für mich ist »*Sprezzatura!*« eine Art Mantra. Ich spreche es tatsächlich laut aus.

Einer sagt: »Das Ende Ihres Artikel kommt ein wenig abrupt, finden Sie nicht auch?«

Ich: »*Sprezzatura.*«

Sie ahnen, worauf ich hinauswill. Es ist sowohl eine abfällige Entgegnung als auch eine ausgereifte Philosophie.

Und es ist eine nützliche Stütze, die Sie sich selbst vorsagen können, wenn Sie sich angesichts eines Problems unsicher fühlen. Es befreit Sie von den Fesseln der Vollkommenheit. Außerdem klingt es lustig.

Es folgen weitere Mantras, die die Lücke zwischen Ihren Talenten und Ihrem Selbstvertrauen überbrücken können. Verwenden Sie sie nach Belieben.

- Wer ist ein Genie? [Schauen Sie in den Spiegel] Ich!
- Ohne meine Beteiligung wäre es noch viel alberner geworden.

- Ich bin ziemlich talentiert.
- Ich bin mehr als nur ziemlich talentiert.
- Ich bin bemerkenswert talentiert.
- Ich verneige mich vor meinem Selbstvertrauen. (Bei Mantras wurde sich ursprünglich viel »verneigt«.)
- Ich verneige mich vor meinen Talenten.
- Ich verneige mich vor meiner Würde.
- Ich verneige mich einfach mal nur so.
- Ach, meine Lieblingsschuhe.
- Ich mag meine Schuhe.
- Sie geben mir Selbstvertrauen.
- Ich verneige mich vor meinen Schuhen.
- Ich rufe meinen Schuhen zu: Danke!
- Meine Schuhe sollten mal geputzt werden.
- *Sprezzatura.*

Dient ein Mantra wie »*Sprezzatura*« manchmal nur als Krücke? Klar. Aber das trifft auch auf eine Knoppers-Pause zu. Erlaubt es Ihnen, Probleme, die Sie gerade nicht lösen wollen, zu ignorieren? Ja. Das *Sprezzatura*-Mantra ist so banal wie »es ist, wie es ist«. Aber es hilft Ihnen dennoch, wenn Sie sich angesichts eines Problems etwas unsicher fühlen. Es befreit Sie von den Fesseln der Vollkommenheit. Und es macht Spaß, es auszusprechen. »*Sprezzatura*« für alle!

Ein paar Worte zum Thema Zusammenarbeit

Die meisten guten Ideen, die ich im Laufe meiner Karriere hatte, resultierten aus der Zusammenarbeit mit anderen. Und die Zusammenarbeit, von der ich am meisten profitierte, war keineswegs die, bei der es besonders nett zuging.

Jede Zusammenarbeit beginnt entweder mit einem offenen oder stillschweigenden Zugeständnis der Schwäche. Beide Seiten räumen ein, sich gegenseitig zu brauchen. Gemeinsam ist man besser dran als allein. Jede Zusammenarbeit hat also ein *beiderseitiges Scheitern* als Ausgangslage.

Wenn Sie Ihren Partner frei wählen können, entscheiden Sie sich für jemanden, der Sie ergänzt. Ein Steve Jobs für Ihren Steve Wozniak. Ein Putzerfisch für Ihren Hai. Wenn Sie »gewissenhaft« sind, wählen Sie jemanden, der »dominant« ist. Sie brauchen jemanden, der sich ebenso gut auskennt wie Sie, nur nicht in exakt denselben Bereichen.

Es hilft, wenn Ihr Partner jemand ist, mit dem Sie immer kurz vor einem Streit stehen. Spannung kann

wunderbare Ergebnisse zeitigen. Das muss sie auch. Ansonsten verbringen Sie nur Zeit mit jemandem, den Sie nervtötend finden und der auch noch schlechte Arbeit abliefert. Warum probieren Sie es nicht einfach einmal aus? Das Unbehagen muss von Großartigkeit wettgemacht werden. Ein paar meiner besten Arbeiten entstanden in Zusammenarbeit mit Menschen, die ein wenig, äh, unleidlich waren. Auch einige meiner *schnellsten* Arbeiten habe ich diesen Menschen zu verdanken. Ich bin zu folgendem Schluss gekommen: Wenn Sie mit jemandem zusammenarbeiten, dem es nichts ausmacht, Ihnen auf die Zehen zu treten oder Ihre Gefühle zu verletzen, dann ist die Kommunikation sehr viel effizienter, und Sie erzielen sehr viel schneller Ergebnisse.

Suchen Sie sich also einen Arsch, und erschaffen Sie gemeinsam großartige Dinge.

Ein paar Worte zum Thema Dank, wem Dank gebührt

Anfangs beging ich den Fehler, einem meiner Chefs meinen Tagesablauf zu schildern, um dann auf meinen Wunsch nach einer Gehaltserhöhung zu kommen. Er sah mich nur an und meinte: »Ich weiß, was Sie tun.«

Was er mir – sowohl mit seinen Worten als auch seinem Gesichtsausdruck – damit sagen wollte, war: »Da stehen Sie doch drüber.«

Und das tat ich.

Ich arbeite für ein Magazin. Bei einem Magazin wird viel delegiert, von den leitenden Redakteuren bis hin zu den eher weniger leitenden Redakteuren. Wenn Sie den Dank für ein Projekt für sich allein einstreichen wollen, dann sind Sie für diesen Beruf nicht geeignet. Eigentlich auch für sonst keine Bürotätigkeit.

So läuft das einfach nicht, wenn Sie neu in Ihrem Job sind – und in gewisser Weise bleibt es Ihr ganzes Berufsleben lang so. Sie helfen anderen. Sie helfen dem Unternehmen. Und den Ideen und den Zielen des Unternehmens.

Dafür wird man Ihnen nur höchst selten persönlich Dank aussprechen.

Solange niemand anders versucht, für die Arbeit, die Sie geleistet haben, den Dank einzustreichen, sollten Sie den Dank auch nicht einfordern. Selbst wenn Sie den Dank ganz objektiv verdient hätten, würden Sie kleinlich wirken, wenn Sie darum bäten.

(Falls Sie sich sorgen, dass Sie am Ende der Zusammenarbeit für Ihre speziellen Ideen keinen speziellen Dank erhalten könnten, dann machen Sie sich klar, dass Sie auch keine speziellen Schuldzuweisungen zu fürchten haben, sollten Ihre speziellen Ideen nicht ganz so speziell funktionieren.)

Wie man E-Mails schreibt

Die Kommunikation am Arbeitsplatz sollte ebenso freundlich wie freimütig verlaufen. Liebenswürdigkeit und Rücksichtnahme sind wichtig für liebenswürdige und rücksichtsvolle Menschen. Außer, wenn es um E-Mails geht.

Wenn man per E-Mail Höflichkeiten austauscht, dauert es lange, sie zu schreiben, und lange, sie zu lesen. Das Schreiben – einer E-Mail oder eines Zeitschriftenartikels – sollte aber vor allem offensiv, zügig und klar sein.

Um die Effizienz dieser Form des Schreibens zu verbessern, die von Ineffizienz geprägt ist – zu viele Ausrufungszeichen, das obligatorische »Wie geht es Ihnen?«, unterschiedslose »beste Grüße« –, schlage ich vor, beim E-Mail-Verkehr immer eine einzige Frage vor Augen zu haben: »Was würde Robert De Niro tun?«

Sie bekommen eine E-Mail. Sie lesen diese E-Mail. Und dann reagieren Sie darauf, als ob Sie Robert De Niro wären. Ab diesem Zeitpunkt werden Ihre E-Mail-Antworten kurz und knackig sein: »klar« und »bestens« und »ja« und »nein« und »prima« und »tut mir leid«. Achtung: Verwechseln Sie den Mann nicht mit den Figuren, die er gespielt hat. Sonst tippen Sie plötzlich Sachen wie »Hinsetzen. Nicht bewegen. Ausbluten lassen«.

Sie werden außerdem feststellen, dass Sie möglicherweise tatsächlich lieber schnell mit jemandem telefonieren, wenn die Antwort per Mail zu viel Zeit erfordern würde. Ein Robert De Niro sitzt nicht da und tippt eine ellenlange Mail. Er greift zum Hörer und regelt die Sache. Wenn die Person, die Ihnen gemailt hat, im selben Bürogebäude arbeitet, dann stehen Sie womöglich sogar von Ihrem Schreibtisch auf und reden mit dieser Person. Was immer noch die beste Art der Kommunikation ist.

Zusätzlicher Bonus: Die Leute fangen an, Ihnen zu mailen, als seien Sie tatsächlich dieser legendäre, amerikanische Schauspieler. Was bedeutet, Sie müssen nicht länger so viele sinnlose Einleitungen durchlesen wie: »Ich hoffe, Sie hatten ein hammermäßiges Wochenende.« Sie treffen nicht mehr auf so viele Ausrufungszeichen am Ende jedes Satzes. Sie bekommen keine E-Mail mit fünfhundert Wörtern, die mit der schlimmsten Frage aller Zeiten endet: »Ihre Gedanken dazu?« Denn Sie sind Robert De Niro, und die Leute lernen, Ihnen entsprechend zu mailen – will heißen, effizient und sachlich. (Und womöglich ängstlich. Aber in erster Linie effizient und sachlich.)

Noch mehr Regeln für das Schreiben von E-Mails

- Fragen Sie sich, ob Sie sich selbst wirklich in Kopie setzen müssen. Seien Sie sparsam mit dem cc.
- Sie sollten nicht nur davon ausgehen, dass der Empfänger Ihre Mail an einen Dritten weiterleitet; Sie sollten auch davon ausgehen, dass jede E-Mail, die Sie jemals versenden, eines Tages vor Gericht laut vorgelesen wird. Folglich: Diskretion!
- Wenn das, was Sie zu sagen haben, weniger als sieben Wörter umfasst, schreiben Sie es in die Betreffzeile.
- Auf Ihre Unterschrift sollte kein Weisheitsspruch folgen. Nicht von Aristoteles. Nicht von Gandhi. Auch kein Zitat aus Ihrem Lieblingspopsong.
- AUSSCHLIESSLICH GROSSBUCHSTABEN. Nein.
- Ausschließlich Kapitälchen. Nein.
- Slang. Nein.

Wenn Sie eine Schriftart suchen, die eine Mischung aus verbindlich und verlässlich ist, dann wählen Sie Helvetica. Cambria? Geht auch.

Bedanken Sie sich. Es gibt viele Möglichkeiten, sich in einer E-Mail zu bedanken. Schreiben Sie »danke«. Oder »danke schön«. In fast jedem anderen Zusammenhang ist ein »danke« nicht besonders beachtenswert. Aber in E-Mails sieht man es nicht oft ausgeschrieben. Das macht es zu so einer kraftvollen Botschaft. Es ist schlicht, direkt, bedeutsam, freundlich. Beinahe schon extravagant. Was es unvergesslich macht. Und man kann es unmöglich falsch interpretieren.

Warum schrille Posen auf Social-Media-Foren vermutlich eine schlechte Idee sind – vor allem, wenn man auf Jobsuche ist

Ich twittere. Hin und wieder. Ich bin nicht sehr gut darin, weil ich zur Diskretion neige und weil ich, wenn ich ganz ehrlich sein soll, meine Position zu bestimmten Punkten gern so undurchsichtig darstelle, dass sich niemand darüber aufregen kann.

Das funktioniert auf Twitter nicht. Twitter belohnt Leute, die präzise und unterhaltsam sind. Aber »präzise und unterhaltsam« lässt jede Menge Spielraum für »Hohn und Spott«, der auf den Social-Media-Plattformen besonders gut zu gedeihen scheint. Im richtigen Leben kommen »Hohn und Spott« nicht so gut an. Und am Arbeitsplatz schon gleich gar nicht.

Tödlich wird es, wenn ein künftiger Arbeitgeber Ihren Twitter-Feed liest. Und das wird er.

Eine Umfrage der Jobbörse *CareerBuilder* aus dem Jahr 2014 zeigt, dass 51 Prozent der Arbeitgeber, die Kandidaten auf den Social-Media-Plattformen gesucht haben, diese Kandidaten wegen der dort gefundenen Inhalte nicht einstellten. 2013 waren es noch 43 Prozent und 2012 sogar nur 34 Prozent. Die fünf häufigsten Gründe, einen Bewerber aufgrund seiner Postings in den sozialen Medien abzulehnen, lauteten: aufreizende oder unangemessene Fotos beziehungsweise Informationen; Anhaltspunkte dafür, dass sie tranken oder Drogen nahmen; abfällige Kommentare über ihren früheren Arbeitgeber oder Kollegen; schlechte Kommunikationsfähigkeiten; Diskriminierung anderer wegen Rasse, Geschlecht, Religion.

Man kann es auch so ausdrücken: Bewerber werden schlichtweg aufgrund der Art und Weise abgelehnt, wie sie sich darstellen. Weil sie offen, ehrlich und freimütig sind. Weil sie darüber reden, was sie tun, wenn sie morgens aufwachen, welches Fußballteam sie unterstützen, dass sie jetzt gern eine Fußmassage hätten, dass sie mit *#vielzudunkel* ihre Einstellung gegen die Umstellung auf die Sommerzeit kundtun und dass sie es lustig finden, wenn die Frau hinter ihnen an der Supermarktkasse an einer Zuckerstange leckt. LOL.

All das ist wichtig, weil es zeigt, wie Sie wirklich sind. Aber Arbeitgeber wollen gar nicht wissen, wie Sie wirklich sind. Sie wollen Sie so, wie *sie* Sie haben wollen. Sie wollen, dass Sie dem Fantasiebild entsprechen, das sie in ihrem Kopf geformt haben. Sie wollen nicht wirklich *Sie*. Sie wollten Sie nie.

Aber nun sind Sie hier auf Twitter. Zumindest eine Version von Ihnen.

Ich weiß, wir sollten alle wir selbst sein. Das habe ich an einer anderen Stelle in diesem Buch auch schon gesagt. Aber auch wenn Sie glauben, dass Sie sich auf Twitter so präsentieren, wie Sie sind, so ist das dennoch nicht ganz zutreffend. Sie präsentieren sich durch den Filter dessen, der Ihre Einträge liest – vor allem, wenn es sich um Ihren möglichen künftigen Arbeitgeber handelt.

Die Suche nach einem neuen Angestellten ist naturgemäß ein Prozess voller Hoffnung. Arbeitgeber wünschen sich, dass Sie »der oder die Richtige« sind. Wenn ein Arbeitgeber in einem Lebenslauf nur dürftige Informationen erhält, neigt er dazu, sich die fehlenden Informationen positiv vorzustellen – er zieht die Informationen aus dem Fantasiebild, das er sich von Ihnen gemacht hat. Ihr Auftritt in den sozialen Medien vermittelt potenziellen Arbeitgebern viel zu viele Informationen – Informationen, die sie womöglich nicht mit ihrer idealisierten Version von Ihnen unter einen Hut bringen können. Natürlich sagt das mehr über die Sprunghaftigkeit der Arbeitgeber als über Sie aus. Aber die Sache ist doch die: Ihr Auftritt in den sozialen Medien, das sind nicht wirklich Sie. Es ist ein Wunschbild, das Sie von sich haben. Und es könnte sogar eine Fantasie in Gang setzen, in der ein Arbeitgeber nicht den Menschen erkennt, den er gern einstellen würde.

Wenn ich offen sein soll: Es wäre total ätzend, wenn Sie jemand nur wegen Ihres Twitter-Accounts nicht mag – oder Ihres Facebook- oder Tumblr- oder was auch immer Accounts. Aber vielleicht ist es letzten Endes auch gut so – vielleicht wollen Sie gar nicht für jemanden arbeiten, der die sozialen Medien dazu nutzt, um Gründe dafür zu finden, warum er jemanden nicht leiden kann. Sie sollten sich nur stets dessen bewusst sein, was auf dem Spiel steht.

Wie man Leute einschüchtert

Eine meiner ehemaligen Assistentinnen sagte mir einmal, ich könne durchaus »einschüchternd« wirken. Das Fehlen eines Lächelns trage dazu bei. Auch der Umstand, dass ich auf Krisen ziemlich emotionslos reagiere. Und mein Standardgesichtsausdruck, der »ausdruckslos« sei. Ich kann es nicht ganz nachvollziehen, aber ja, man hat mir gesagt, dass ich einschüchternd wirke.

Was ich gar nicht so ungern höre.

Ich finde Einschüchterung gar nicht so schlecht. Ich halte es nicht *grundsätzlich* für einen Nachteil, wenn man in Gegenwart seines Chefs oder eines Kollegen, den man respektiert, ein wenig nervös ist. Denn es beweist, dass Ihnen die Beziehung wichtig ist. Solange derjenige, der einschüchternd auf Sie wirkt, es nicht offensichtlich darauf anlegt, Sie einzuschüchtern, erscheint mir die Einschüchterung als ein natürliches und sogar positives Nebenprodukt einer besonders wichtigen Geschäftsbeziehung – daraus kann sogar etwas Großartiges entstehen.

Aber was ist es eigentlich, das die Leute einschüchternd wirken lässt? Was macht Praktikanten so nervös? Was bringt Sie dazu, im Beisein Ihres Chefs über Ihre eigenen Worte zu stolpern?

Was lässt Sie selbst einschüchternd wirken? Vielleicht belästigen Sie einen Untergebenen oder Kollegen (oder sogar einen Vorgesetzten), sodass dieser aufgrund stillschweigender oder offen ausgesprochener Drohungen eingeschüchtert wird. Aber darum geht es hier nicht. (Und falls Sie nun annehmen, dass Ihr Verhalten tatsächlich so interpretiert werden könnte, dann sollten Sie dieses Verhalten umgehend abstellen und herausfinden, was Sie zu diesem Verhalten veranlasst hat.)

Vielleicht geben Sie sich ja einfach zu selbstsicher. Menschen, die allzu selbstsicher sind, unterstellt man unwillkürlich einen höheren gesellschaftlichen Status.

Vielleicht sind Sie auch unhöflich. Unhöfliche Menschen gelten als machtvoller.

Vielleicht sind Sie sehr groß. Große Menschen werden automatisch für intelligent und dominant gehalten.

Vielleicht sind Sie sehr attraktiv. Attraktive Menschen hält man automatisch auch für klüger.

Vielleicht haben Sie sich den Kopf rasiert. Männer, die sich den Kopf rasieren, gelten als dominanter.

Vielleicht tragen Sie einen Bart. Bärtigen Männern unterstellt man einen höheren gesellschaftlichen Rang und mehr Aggressivität.

Vielleicht haben Sie eine tiefe Stimme. Menschen mit tieferer Stimme werden als stärker und kompetenter wahrgenommen.

Vielleicht sind Sie ein blendend aussehender, selbstsicherer, unhöflicher, großer, bärtiger Kerl mit rasiertem Kopf und tiefer Stimme. Falls ja, sind Sie entweder der legendäre Schotte Sean Connery oder der in Chicago geborene Rapper Common. Gratulation, Sie wirken in der Tat einschüchternd.

Aber um sich so Respekt zu verschaffen, dass es nicht nur oberflächlich wirkt, sondern mit der Qualität Ihrer Arbeit und Ihrem Verhalten zu tun hat, müssen Sie Folgendes beachten:

1. Kriegen Sie Ihren Scheiß geregelt.
2. Glauben Sie an das, was Sie sagen.
3. Haben Sie Eier in der Hose. Als Mann und als Frau. Metaphorische Eier in der Größe von Grapefruits. Aber nicht größer als, sagen wir, Korsika. (Eier in der Größe des Jupiter oder anderer Himmelskörper sind zwar beeindruckend, aber wirklich nichts weiter als eine Verschwendung von Eiern.) Was ich damit sagen will: Sie brauchen große Eier. Diese Eier müssen Sie zwingen, öffentlich Risiken einzugehen. Außerdem muss allgemein bekannt sein, dass Ihre Eier Sie nur höchst selten in die falsche Richtung lenken. Wer Leute einschüchtert, ohne Eier in der Hose zu haben, ist nur ein Arsch.
4. Zu guter Letzt: Einfühlungsvermögen. Sie mögen andere einschüchtern, aber Sie wissen genau, was Sie tun. Und was Sie da tun, ist eine ernste Sache. Studien zeigen, dass eine soziale Bedrohung – in unserem Fall das Gefühl, einen geringeren sozialen Status einzuneh-

men – dieselbe Reaktion von Flucht oder Kampf auslösen kann wie eine körperliche Bedrohung. Eine Flut von Hormonen wie Adrenalin und Cortisol macht uns zittrig und behindert unsere Fähigkeit, logisch und überlegt zu handeln. Die Leute flippen aus, wenn Sie sie einschüchtern. Sie müssen etwas tun, wodurch die anderen sich wieder einkriegen. Das senkt deren Adrenalinspiegel, auch wenn Sie nichts weiter tun, als zu sagen: »Sehr gut gemacht«, was für denjenigen, den Sie einschüchtern, eine enorme Erleichterung ist. Durch Einschüchterung gewinnt man viel Macht. Und noch mehr Macht gewinnt man, wenn man die Einschüchterung abmildert. Wenn Sie das eine ohne das andere haben, dann machen Sie es nicht richtig.

Aber wenn Sie es richtig anstellen – wenn Sie alle vier Punkte abhaken können –, dann kann die Einschüchterung sehr nützlich sein. Sie etabliert die Hackordnung. Sie zementiert Ihren Status, was im Geschäftsleben von großer Bedeutung ist – auch wenn Sie sich das anders wünschen. Und sie ebnet den Weg für die Entscheidungsfindung. Und das will *jeder* am Arbeitsplatz.

Wie man ein Arschloch ist

Ich werde oft für ein Arschloch gehalten.

Ich bin aber kein Arschloch.

Ich bin ein Mistkerl. Nicht ständig. Nur manchmal. Ich bin nicht stolz darauf. Im Allgemeinen versuche ich, kein Mistkerl zu sein. Aber genau das bin ich hin und wieder am Arbeitsplatz: ein Mistkerl.

Eine Mistkerlhaltung ist enorm nuancenreich. Sie ist häufig auf Nervosität und Arbeitsdruck zurückzuführen, und die Intensität fluktuiert je nach Situation. Häufig ist sie auch noch komisch.

Ein Arschloch zu sein ist dagegen nicht nuancenreich. Arschlöcher sind durch und durch Arschlöcher. Wenn der Druck wächst. Ohne Druck. Es ist dieser Mangel an Nuancenreichtum, an dem man ein Arschloch so leicht erkennen kann.

Es folgt eine Liste von Charaktereigenschaften, die ich im Laufe der Jahre in enger Zusammenarbeit mit diversen Arschlöchern gesammelt habe, sowie aus der stundenlangen Lektüre der reichen und blühenden Literatur über Arschlöcher:

- Narzissmus. (Ich bin von euch allen der Einzigartigste.)
- Übergroßes Selbstvertrauen. (Ich schaffe alles.)
- Ungeduld. (Ich will es, und zwar sofort!)
- Aggressivität. (Aus dem Weg.)
- Rücksichtslosigkeit. (Volle Kraft voraus!)
- Anspruchsdenken. (Das ist meins.)
- Verblendung. (Wen nennen Sie hier ein Arschloch?)
- Wahrnehmungsschwäche. (Weinen Sie etwa?)
- Außerdem: Völlige Vorhersehbarkeit.

Darum sollten Sie sich von diesen Typen fernhalten. Wenn Sie spüren, dass ein künftiger Chef ein Arschloch ist, dann überlegen Sie sich gut, ob Sie einem narzisstischen, verblendeten Aggressivling so viel Macht über sich geben wollen. Sollte ein Kollege ein Arschloch sein, dann machen Sie sich klar, dass er sich niemals ändern wird.

Wir können uns leider nicht immer fernhalten. Arschlöcher verkleiden sich oft als Mistkerle oder, noch hinterhältiger, als Gebeutelte und Märtyrer, bevor sie sich vor den ahnungslosen Kollegen plötzlich als Arschloch zu erkennen geben.

Als Erstes muss man sie akzeptieren. Sie müssen deren Arschlochmentalität annehmen. Erst dann können Sie daran arbeiten. Und Sie müssen definitiv daran arbeiten. Denn Arschlöcher ändern sich nie.

Diese Verderbtheit setzt der Fruchtbarkeit Ihrer Zusammenarbeit Grenzen. Aber im Berufsleben wollen wir doch Grenzen. Fragen wir bei Projekten nicht immer nach dem Abgabetermin? Nach dem Budget? Wie viele Personen darin involviert sind? Wir sollten eigentlich auch danach fragen, wie viele Arschlöcher es geben wird. Akzeptieren Sie sie.

Zweitens muss man sie willkommen heißen.

Ich finde Arschlöcher banal, fast schon goldig. Natürlich sind sie schrecklich, aber auch so überaus schlicht gestrickt. Nicht zuletzt wegen ihrer Unnachgiebigkeit habe ich sie gern um mich herum.

Hier die Gründe, warum Arschlöcher hilfreich sind:

1. Sie ermöglichen es uns, dass wir uns moralisch überlegen fühlen.
2. Alle anderen schließen sich gegen sie zusammen, das stärkt Stimmung und Kampfgeist.
3. Sie tragen zur Gesamt-Effizienz des Büros bei. Weil sie so vorhersehbar sind, ist immer schon lange im Voraus klar, wie sie sich verhalten werden. Bei einem Arschloch wissen Sie immer, wie Ihr Status in seinen Augen ist. Weit unter ihm, aber dennoch.

Das funktioniert allerdings nur, wenn Sie dazu in der Lage sind, Ihre Wut zu kontrollieren, und wenn Sie verstehen, dass Sie für Ihre Reaktionen selbst verantwortlich sind.

Drittens muss man sie frontal angehen.

Niemand ist von einer Konfrontation mehr überrascht als das Arschloch selbst. Aber man muss es wirklich konfrontieren.

Das hat natürlich eine moralische Dimension, klar, aber

ich versichere Ihnen, es hat auch praktische Gründe. Und die Auswirkungen sind ausnahmslos nutzbringend.

Schlimmer kann es nämlich nicht werden. Arschlöcher machen jede Situation so schlimm, wie sie überhaupt nur sein kann. Darum sind sie ja Arschlöcher. Sie ziehen den gesellschaftlichen Teppich unter den Füßen aller weg. Sie sind jederzeit zu einhundert Prozent schrecklich.

Folglich haben Sie also nichts zu verlieren. Stellen Sie sich ihnen. Aber nicht planlos. Arschlöcher sind sehr gewieft darin, die meisten Angriffe abzuschmettern.

Hier die Frage, die ich bei solchen Typen erfolgreich stelle.

»Warum tun Sie das?«

Das zwingt das Arschloch, sich zu seinem arschigen Tun zu bekennen. Weil das Arschloch das aber nicht fertigbringt, kann es die Frage unmöglich beantworten. Das verblüfft das Arschloch. Und ein verblüfftes Arschloch ist ein unvergesslicher Anblick.

Warum tun Sie das? Das Arschloch stammelt irgendetwas. Also fragen Sie: »Aha. Aber *warum* tun Sie das?« Das Arschloch sieht Sie an, als hätten Sie es gerade gebeten, einen mathematischen Lehrsatz zu lösen. Also haken Sie nach: »Anders ausgedrückt, warum tun Sie *das*?«

Sie zwingen dem Arschloch eine Frage auf, die es sich niemals selbst gestellt hat.

Damit bringen Sie dem Arschloch natürlich nichts bei. Darum geht es aber auch gar nicht. Es geht darum, das Arschloch wissen zu lassen: Ich habe dich durchschaut. Sie sorgen dafür, dass das Arschloch sich seiner selbst bewusst wird. Und diese Selbstkritik ist für das Arschloch wie Wasser für die böse Hexe aus *Der Zauberer von Oz*, ein Protonen-Torpedo für die Ventilations-Öffnung des Todessterns im *Krieg der Sterne* oder ein Windstoß für die Haare von Donald Trump.

Wir halten Arschlöcher für stark und zerstörerisch. Sie sind zwar zerstörerisch, aber sie sind nicht stark. Ihre Wahrnehmungsschwäche macht Arschlöcher so verhasst, aber eben diese Wahrnehmungsschwäche macht sie auch angreifbar und leicht zu verwirren.

Nein, Arschlöcher sind kein Problem. Es sind nur die Mistkerle, vor denen Sie sich in Acht nehmen müssen.

Sind Sie ein Arschloch?

Wählen Sie alle Antworten aus, die auf Sie zutreffen, und addieren Sie die Punktzahl, um herauszufinden, ob Sie ein Arschloch sind.

Hallo!

Hallo!	-5
Hallo.	0
Was?	5

Nach wessen Regeln sollen alle gesellschaftlichen Interaktionen laufen?

Meinen	10
Der Gemeinschaft aller	-5

Wie viele der folgenden Eigenschaften haben Sie im Laufe der letzten Stunde an den Tag gelegt? Kreuzen Sie alle zutreffenden an.

Narzissmus	2
Ungeduld	2
Aggression	2

Anspruchsdenken `2`

Verblendung `2`

Wahrnehmungsschwäche `2`

Vorhersehbarkeit `2`

Wo befinden Sie sich auf Ihrer Reise?

Ich manövriere mich an die Spitze `1`

Ich sortiere die Feinde aus `3`

Ich reagiere mich an imaginären
Hindernissen ab `5`

Ich habe es endlich ganz nach oben geschafft! `7`

Ich bin entgleist `9`

Ich stürze gerade ins Bodenlose `15`

Ich rackere so vor mich hin. Und deine Reise,
mein Freund? `-20`

Was trifft typischerweise auf Sie zu?

Es ist mir egal `2`

Es ist mir einerlei `3`

Es ist für mich nicht von Interesse `5`

Da scheiß ich drauf! `7`

Verflixt! `-3`

Bitte ergänzen Sie: »Ich bin _____ als Sie.«

besser `4`

viel besser `6`

so unglaublich viel besser `8`

Vielleicht etwas größer? Schwer zu sagen. `-4`

Ihr Chef lehnt Ihre Bitte um eine Gehaltserhöhung ab. Sie:

Denken, dass Ihre Arbeit nicht gut genug war ⬚ -6

Sind wie vor den Kopf geschlagen ⬚ 2

Starren Ihren Chef ohne zu blinzeln an, weil das
ganz offenbar nur ein Witz sein kann ⬚ 5

Rechte müssen:

begründet werden ⬚ -2

In Anspruch genommen werden ⬚ 2

Haben Sie jemals – und sei es auch nur ein Mal – im
Internet eine wutschäumende Bewertung abgegeben?

Ja ⬚ 30

Nein ⬚ 0

Wenn das Leben eine Band wäre, welches Band-Mitglied
wären Sie dann gern?

Bassist ⬚ 2

Schlagzeuger ⬚ 3

Gitarrist ⬚ 5

Lead-Sänger ⬚ 10

Lead-Sänger und gelegentlich Tamburin-Spieler,
und warum hat die Tür zu meiner Garderobe keinen
Stern, wie oft müssen wir das noch durchgehen,
oh hallo, Hübsche, wie heißt du? ⬚ 20

Darf ich mir Ihren Stift ausleihen?

Gern. | 0 |

Wenn's sein muss. | 2 |

Welcher Steve wären Sie gern?

Carrell | -5 |

Buscemi | 0 |

Jobs | 5 |

Welche der nachfolgenden Dinge haben Sie schon einmal getan? Zutreffendes bitte ankreuzen.

Bei der Bestellung eines Dirty Martini nach einem ganz bestimmten Premium Whisky verlangt. | 2 |

Bei der Bestellung eines Very Dirty Martini nach einem ganz bestimmten Premium Whisky verlangt. | 4 |

Sich vorgedrängelt, um einen Very Dirty Martini mit einem ganz bestimmten Premium Whisky zu bestellen. | 6 |

Vervollständigen Sie diesen umgangssprachlichen Ausdruck: Bei diesem Projekt ist es wichtig, dass wir unseren Konkurrenten _____.

auf Augenhöhe begegnen | 0 |

in die Eier treten | 20 |

Wenn ein Kollege Ihnen von einem persönlichen Triumph erzählt, dann:

gratulieren Sie ihm von Herzen `-4`

gratulieren Sie ihm unaufrichtig und erzählen
gleich darauf von einem eigenen Triumph `4`

»Was haben Sie gesagt? Triumph? Was?
Können Sie mal kurz dranbleiben? [gedämpft] Ja,
irgendwas von einem Triumph. Tut mir leid, ich
werde wohl rasch mit ihm sprechen müssen.
[wieder am Apparat] Hören Sie, ich habe ungefähr
zwölf Sekunden Zeit. Was sagten Sie gerade?« `10`

Bitte vervollständigen Sie den Satz: Die Flut _____
alle Boote an.

hebt `-2`

Wen interessiert's? `10`

Bitte wählen Sie einen Ort am Flughafen-Gate, an dem
Sie warten, bis Ihr Boarding beginnt.

Einen Sitz im Wartebereich `-3`

Direkt neben dem Airline-Angestellten am Gate,
mit einem Ellbogen auf dessen Pult `9`

Ach, ich laufe schnell zu dem kleinen Laden
da drüben und hole mir eine Tüte Chips `0`

Sie bestellen die Ente, und der Kellner sagt, die Ente ist
aus. Sie ...

bestellen das Hühnchen `0`

weisen den Kellner darauf hin, dass Sie hier
immer die Ente nehmen und warum das Restaurant
Sie plötzlich derart brüskiert, wo Sie schon so viel
Geld hiergelassen haben, und Sie bestehen auf
der Ente, weil Sie hier immer die Ente haben,
und der Koch kennt Sie, er soll eben eine Ente
besorgen, und jetzt los schon, sagen Sie ihm das,
hurtig! `8`

Waren Sie jemals mit zwei Sekretärinnen nach der
Arbeit etwas trinken, und eine von ihnen stellt eine harm-
lose Frage, aber das löst etwas in Ihnen aus, und Sie
machen eine Szene, als hätten sich bei all dem Stress
in letzter Zeit irgendwelche negativen Gefühle in Ihnen
aufgestaut?

Das ist schon sehr speziell. `0`

Ja, klingt, als müssten mit der mal einige
Dinge klargestellt werden. `0`

Das kann ich akzeptieren.

Cool. `0`

Cool. `0`

Auflösung

Weniger als null Punkte: Sie sind verklemmt und müssen aufhören, Ihre Gefühle zu unterdrücken, sonst werden Sie eines Tages explodieren.

Null bis neun Punkte: Alles deutet darauf hin, dass Sie die ganze Bandbreite menschlicher Emotionen zulassen. Ihre Rücksichtnahme auf andere hindert Sie daran, ein Arschloch zu sein.

Zehn bis neunundzwanzig Punkte: Sie sind ein Mistkerl.

Dreißig bis fünfzig Punkte: Sie sind ein Arschloch.

Über fünfzig Punkte: Sie sind ein Soziopath.

Ein Plädoyer fürs Fluchen

Ich rede hier nicht davon, wie viele Obszönitäten überhaupt ausgesprochen werden. Ich kenne keine Studien darüber, an welchen Orten wie viel geflucht wird, und es ist mir auch egal. Hier ist die Rede davon, wie viel man zu hören bekommt. Ich war schon an vielen Orten, und nirgends hört man die ganze Bandbreite an üblichen – und weniger üblichen – Flüchen wie in New York. Von den dunkelsten Ecken in Bushwick über die Holzbänke im Washington Square Park bis hin zu den Fluren eines Bürogebäudes mitten in Manhattan – man ist von Flüchen umgeben. Überall, wo Menschen zu Fuß gehen und nicht Auto fahren, sieht und hört man Dinge, die man in anderen Städten nicht sieht und hört. Alte Frauen mit Gehhilfen und einem greisen Schoßhund an der Leine brüllen einen berittenen Polizisten an: »Verdammt noch mal, du Wichser!« Auch das sieht und hört man.

Fluchen ist ein wunderbares Geschenk, das man den Antriebslosen machen kann. Es ist auch nützlich – es vermittelt einen Nachdruck und eine Gefühlstiefe, wie es normale Wörter einfach nicht vermögen. Man kann es am

Arbeitsplatz äußerst sinnvoll einsetzen, solange man nicht wütend flucht. Hiermit verkünde ich mithin das Folgende:

Flüche vermögen auszudrücken, was anderen Wörtern nicht gegeben ist (nichts intensiviert eine Aussage stärker als das Wort »verdammt«.)

Flüche sind lustig.

Flüche fordern unsere Aufmerksamkeit (wir sind immer überrascht, wenn ein Tabu gebrochen wird.)

Flüche verarbeitet unser Gehirn anders als andere Wörter. (Hirn-Scans zeigen, dass Flüche in den »niederen« Regionen des Gehirns verarbeitet werden, nicht in der »höheren« Großhirnrinde, wo Sprache sonst ankommt. Forscher gehen davon aus, dass ein Fluch nicht als Geräusch gilt, das mit einem Wort verbunden ist, sondern dass das Gehirn einfach die Emotionalität als für sich stehende Einheit betrachtet. Dieser Unterschied könnte auch erklären, warum wir Schimpfwörter leichter erkennen und memorieren als sogenannte neutrale Wörter.)

Flüche beeinflussen uns körperlich. (Flüche können uns nachweislich »erregen« – beispielsweise bildet unsere Haut Schweiß aus –, und einige Forscher glauben, dass Flüche sogar eine Flucht-oder-Kampf-Reaktion auslösen, Schmerz lindern und Stress-mindernde Endorphine freisetzen, was erklären würde, warum wir weniger Schmerz empfinden, wenn wir fluchen. Und warum wir uns nach dem Fluchen besser fühlen.)

Flüche verleihen unseren Worten Glaubwürdigkeit (erfahrene Redner wissen, dass eine Rede eher im Gedächt-

nis haften bleibt, wenn ein wohl platziertes »Verdammt!«
darin vorkommt.)

Flüche sind die Regel, nicht der Ausschlag. (Wir sind
zutiefst profan. Unser Unterbewusstsein ist eine schmut-
zige Kloake aus »verdammt« und »Scheiße« und »Mist!«
und »fick dich« und »fick den Wichser« und »fick den
Wichser und seinen Hund und die Mutter seines Hundes,
die Hündin«. Nur unsere frontale Hirnrinde hält uns davon ab, Flüche und Obszönitäten auszusprechen. Es packt
sie und stößt sie zurück in die Grube, aus der sie gekro-
chen kamen.)

»Fick dich« hat mehr als 250 Einsatzmöglichkeiten
(250!) und kennt unendlich viele Variationen.

Profanitäten sind unsere eigentliche Sprache und in vie-
lerlei Hinsicht auch unsere machtvollste Sprache.

**Daher sei hiermit zu wissen und kund getan, dass
Profanitäten am Arbeitsplatz Verwendung finden dürfen, vorausgesetzt ...**

1. Flüche sollen nur intensivieren, nicht vor den Kopf
   stoßen. (In aggressiver Absicht ausgestoßene Flüche
   machen Sie zu einer Bedrohung und zu einem Rüpel,
   und das wird allen Anwesenden für immer negativ ins
   Gedächtnis eingebrannt sein.)
2. Flüche der Stufe drei sollten den Vorzug erhalten. (Auf
   Stufe eins stehen Ihnen »Scheiße«, »Gottverdammt«
   und »Arsch« zur Verfügung. In Stufe zwei finden sich
   »Herr im Himmel«, »Scheißkerl«, »Hurensohn« und
   dergleichen. Aber auf Stufe drei haben Sie »Mistkerl«

oder »verflucht noch eins«. Der ganze Spaß ohne die Derbheit.)

3. Fluchen Sie sparsam. (Wenn Sie ununterbrochen Obszönitäten ausstoßen, ist das so, als würden Sie ständig blinden Alarm schlagen. Sie wirken dann unausgeglichen, wie ein trotziges Kleinkind, das seine Mütze zu Boden wirft und darauf herumtrampelt – wenn auch nicht buchstäblich, so doch bildlich. Und wenn Sie das, was Sie zu sagen haben, dann tatsächlich einmal besonders unterstreichen wollen, fehlen Ihnen die Mittel. Ihre Flüche besitzen nicht länger die Kraft der Überraschung. Wenn Sie gehört werden wollen, wenn Sie aufschrecken oder einschüchtern oder auch nur die Aufmerksamkeit der Anwesenden wecken wollen, dann kann ein einzelner Fluch wie eine Granate wirken.)

4. Bezeichnen Sie alle Faulenzer als »Nichtsnutze«. (Es gibt keine anschaulichere und amüsantere und letztlich harmlosere Beleidigung.)

5. Flüche fördern Ihre Zielsetzung – und verunglimpfen sie nicht. Was immer Ihr Ziel sein mag.

Wie man mit jemandem arbeitet, der einen offenkundig nicht leiden kann und der sich von Ihnen bedroht fühlt und dem es lieber wäre, wenn es Sie gar nicht gäbe

Ich spreche hier nicht von Arschlöchern im Allgemeinen.

Hier geht es um eine ganz bestimmte Kategorie von Arschloch. Es geht um Menschen mit zersetzender Wirkung. Gegen die müssen Sie etwas unternehmen.

An jedem Arbeitsplatz finden sich Unterwanderungen und heimliche Ressentiments. Das ist an sich kein Problem. Es wird jedoch zum Problem, wenn jemand, der Sie nicht mag, anfängt, Ihre Arbeit zu »untergraben«, Sie »zu Fall zu bringen«, oder Ihre Ergebnisse »verhunzt«.

Mir sind im Laufe meines Berufslebens eine Handvoll dieser Leute begegnet, und jedes Mal bin ich aufs Neue von deren Verhalten fasziniert.

Sie müssen eines verstehen: Diese Leute wissen womöglich gar nicht, was sie da tun. Unbewusst durchaus. Aber im wachen, bewussten Zustand merken sie nicht, wie unangemessen ihr Verhalten ist. Eine Studie der Columbia Business School aus dem Jahr 2014 zeigte auf, dass wir generell nur ganz schlecht einschätzen können, wie wir auf unsere Kollegen wirken. Die Forscher arrangierten vorgetäuschte Verhandlungssituationen und baten anschließend jeden Teilnehmer, sowohl sein eigenes Durchsetzungsvermögen wie auch das der anderen zu bewerten. 56 Prozent der Teilnehmer, die von ihren Verhandlungspartnern als übertrieben selbstbewusst bezeichnet wurden, hielten sich selbst entweder für unsicher oder für angemessen selbstsicher. Wir wissen schlichtweg nicht, wie wir auf andere wirken.

Der erste Schritt besteht darin, die Motivation solcher Leute zu ergründen. Vielleicht haben sie viel Geld bei Hundewetten verloren, vielleicht hat ihr Vater niemals »ich liebe dich« zu ihnen gesagt, oder sie drückt irgendwo anders der Schuh. Wenn Sie sich das klarmachen, können Sie Ihre Entrüstung zügeln und wieder zu dem mitfühlenden, menschlichen Wesen werden, das Sie eigentlich sind.

Sobald bei Ihnen hinsichtlich der Motivation dieser Menschen der Groschen gefallen ist, sollten Sie jedoch nicht lauthals »Ich wusste es! Sie Hurensohn!« brüllen und sich dann wieder an Ihren Schreibtisch setzen, während sich die anderen Kollegen vielsagende Seitenblicke zuwerfen. Sie sollten den Betreffenden lieber mit der Arschloch-Analyse konfrontieren. (Siehe das Kapitel »Wie man ein Arschloch ist« ab Seite 208.)

»Kann ich kurz mit Ihnen sprechen?«

»Mir ist aufgefallen, dass Sie _____.«

»Ich frage mich, warum Sie das tun, wenn man bedenkt, dass _____. Können Sie mir helfen, das zu verstehen?«

Bei mir funktionierte es jedes Mal, wenn ich den Betreffenden beiläufig, aber direkt (und wenn möglich humorvoll) auf die Geschehnisse ansprach – am besten sogar vor anderen Leuten. Ungefähr so:

»Ist Ihnen klar, dass Sie mich neulich völlig aus dem Gespräch hinausgedrängt haben?«

»Sie verstehen schon, dass Sie sich ein wenig, wie sagt man, aggressiv verhalten haben?«

»Wenn Sie mich so ansehen, versuchen Sie dann eigentlich, eher mürrisch oder eher gereizt zu schauen?«

Sehen Sie den Betreffenden dabei an, als würden Sie auf der Straße einen Chihuahua in einem Matrosen-Outfit sehen, der auf seinen Hinterläufen stakst.

Sie entscheiden sich für den Gesichtsausdruck »verwirrt«.

Sie lächeln nicht. Sie runzeln nicht die Stirn. Sie sind einfach perplex. Die Fragen, die Sie mit hochgezogenen Augenbrauen gestellt haben, implizieren: »Was stimmt nicht mit Ihnen? Warum verhalten Sie sich so? Wo bekommt man so ein winziges Matrosen-Outfit?«

In diesem Moment stehen Sie an einer Kreuzung und müssen sich entscheiden. Sie sollten nicht überheblich sein.

Aber auch nicht unterwürfig. Überheblichkeit ist zu sicher und langweilig. Unterwürfigkeit stinkt. Nein, Sie beschreiten den Weg des *So ist es*. Ein reizender Weg. Von Bäumen gesäumt. Es lässt sich wie auf einer Promenade lustwandeln. Hier ist Platz für jeden. Man kann schlendern oder joggen. Es gibt keine enervierenden Temposchwellen und auch keine Polizisten. Es gibt nur Sie, der Sie in Ihrem Wagen neben den anderen Wagen fahren, die Scheibe herunterlassen und fragen: »Wie steht's, Kumpel?«

Überschütten Sie den Betreffenden nicht mit Freundlichkeit. Hinterhältige Zeitgenossen reagieren nicht gut auf Freundlichkeit, und Psychologen sagen, es gibt so gut wie keinen Hinweis, dass Freundlichkeit tatsächlich funktioniert. Übermäßige Freundlichkeit ist eine passiv-aggressive Taktik, die vorübergehend Ihren Gegenspieler erschrecken mag, aber auf lange Sicht erreichen Sie damit nichts. Nein, überhäufen Sie ihn mit Offenheit.

Wichtig ist nur: Niemals kämpfen.

Wenn Sie in eine Schlacht ziehen, werden Sie das bereuen. Bei einer Schlacht muss immer einer gewinnen. Aber am Arbeitsplatz gewinnt *keiner*. Wie der langjährige *Esquire*-Autor Tom Junod 2011 in *A Philosophy of Fighting*, einem der besten Essays, die je geschrieben wurden, konstatierte: »Jeder kann gewinnen, wenn er bereit ist, weit genug dafür zu gehen – wenn er bereit ist, auf Kosten des … Respekts zu gewinnen. Die Frage lautet vielmehr, wer kann auf das Gewinnen verzichten, wer widersteht der Versuchung, gewinnen zu wollen.« Unternehmen gewinnen. Büromenschen navigieren. Ein zwischenmenschliches Problem lässt sich nie in einer Schlacht austragen, nur durchkreuzen.

Sie müssen denjenigen, der Sie untergraben will, durcheinanderbringen. Er hat ein Ungleichgewicht herbeigeführt. Ihre zur Schau gestellte Fassungslosigkeit und Bedächtigkeit werden die Situation neu kalibrieren. Der Unterminierer ist davon entweder gerührt oder verwirrt. Oder ein wenig von beiden. Selbst wenn Sie niemals eine Antwort auf Ihre Fragen erhalten, haben Sie damit dennoch zum Ausdruck gebracht: »Ich beobachte dich.« Und das flößt ihm Respekt ein.

Macht Sie das zum Arschloch? Gewissermaßen schon. Aber Ihr Gegenpart ist sowohl ein Arschloch als auch jemand, der Ihre Bemühungen untergräbt. Und dieses Untergraben erfordert eine Menge zusätzlicher Energie, die Sie wiederum nicht aufzuwenden brauchen.

Sie sind im Vorteil.

»Zwei Bier und ein Welpe!« – Ein hilfreicher Test, um festzustellen, was Sie von jemandem halten

»Zwei Bier und ein Welpe« ist ein Test, den ich ausgearbeitet habe, als ich für den *Esquire* an einem Artikel über den amerikanischen »Hurensohn« schrieb. Der Test geht so: Um herauszufinden, was Sie von jemandem wirklich halten, fragen Sie sich: Würden Sie zwei Bier mit diesem Menschen trinken? Und: Würden Sie dieser Person erlauben, sich übers Wochenende um Ihren Welpen zu kümmern?

Manchmal fällt die Antwort in beiden Fällen mit einem Nein aus. Diesen Menschen müssen Sie um jeden Preis aus dem Weg gehen. Bei anderen wieder lautet die Antwort zuerst Ja und dann Nein. Diese sind mit Vorsicht zu genießen. Es gibt auch Leute, die ein Nein und ein Ja erhalten. Mit ihnen kann man keinen Spaß haben, aber sie machen diese Welt zu einem besseren Ort – vor allem für Welpen. Und dann gibt es Menschen, bei denen wir mit Ja und Ja antworten. Die so doppelt Bejahten sind wunderbare Menschen, und Ihr Leben und Ihre Arbeit profitieren von ihnen. Spüren Sie sie auf. Arbeiten Sie mit ihnen zusammen. Genießen Sie ihre Gesellschaft.

Der Spielstand

Es gibt Menschen, die den Spielstand nicht kennen, Menschen, die versuchen, aus dem Spielstand schlau zu werden, und Menschen, die gar nicht wissen, dass es einen Spielstand gibt. Es gibt auch solche, die den Spielstand nicht kennen, ihre Unkenntnis aber nicht wahrhaben wollen. Das sind die Schlimmsten.

Sie müssen nur eines wissen: dass der Spielstand existiert.

In geschäftlichen Situationen versuche ich immer, mir den Spielstand klarzumachen: Wo liegt die Macht, welche Druckmittel haben die Anwesenden, wer hat wirklich das Sagen? In Sitzungen kann es enorm viel Spaß machen, sich den Spielstand auszurechnen. Manche Menschen kritzeln, ich versuche, den Spielstand zu errechnen.

Das Ausrechnen des Spielstands gestaltet sich üblicherweise wie folgt:

Bullshit-Pegel, generell? ... Mittel.
Bullshit-Pegel bei diesem Typ? ... Hoch.
Warum sagt sie nichts? ... Zu untergeordnet ... Gut.

Warum sagt er nichts?... Hat vermutlich keine Ahnung
vom Thema... Wichtiger Faktor.
Wer hat im Raum die meiste Macht?... Sie.
Wer glaubt, er habe die meiste Macht?... Er.
Wer kennt ein gutes Thai-Restaurant in der Nähe?...
Der Typ da drüben.
Hat es etwas zu bedeuten, dass er in den letzten fünf-
undvierzig Minuten schon zwei Mal zur Toilette gegan-
gen ist?... Bestimmt.
Ist das eine neue Frisur?... Möglich.

In all den Jahren, in denen ich über den Spielstand nachgedacht habe, konnte ich einiges lernen:

Wenn Sie mehr über den Spielstand wissen als sonst jemand
im Raum, dann haben Sie die meiste Macht.

Der Spielstand ist ständig im Fluss.

Wenn der Chef wollte, könnte er sich den Spielstand
ausrechnen.

Für gewöhnlich kennt sein Stellvertreter den Spielstand.

Sie tragen *immer* zum Spielstand bei.

Ihr Beitrag zum Spielstand sollte so groß wie möglich
sein.

Wenn ein Kollege sich plötzlich besser anzieht als in der
Vorwoche, dann weiß er mehr über den Spielstand.

Den Spielstand erfährt man am besten, indem man persönlich mit den Leuten redet.

Wer sich hinter verschlossenen Türen zusammensetzt,
hat mehr Zugang zum Spielstand als Sie.

Der freundliche Typ, der nie zu früh kommt, nie zu lange bleibt, immer entspannt wirkt und Ihnen erst neulich eine völlig unbekannte russische Novelle empfohlen hat? Der Typ kennt den Spielstand.

Und hier nun die Weltpremiere der Spielstand-Formel:

Fakten *mal* Meinungen *minus* wie viel jeder im Raum vermutlich verdient *minus* Bullshit *plus* Wissen, wo es in der Nähe einen guten Thai gibt, *geteilt* durch Sie, *ist gleich* Der Spielstand.

Wie man die peinliche Sache von damals vergisst, die einen immer noch verfolgt

Eine Handvoll schlechter Erinnerungen aus meiner Anfangszeit in New York geht mir immer noch nach.

Beispielsweise meine erste Nacht in New York, als ich beim Abendessen mit meinen neuen Kollegen keinen Pieps herausbrachte.

Oder damals, als ich die beiden Sekretärinnen in der Bar anbrüllte. (Achtung: Sie sollten fest entschlossen sein, niemals morgens bei Arbeitsantritt eine E-Mail mit dem folgenden Inhalt an jemanden schicken zu müssen: »Alles okay zwischen uns?«)

Oder jene Rede, bei der ich mit einer Reihe von Witzen eine Bruchlandung hinlegte. (Womit auch immer man vor Kollegen auf die Nase fallen kann, ich hab's getan.)

Diese Augenblicke waren katastrophal. Sie sind viel zu schmerzlich, als dass ich sie je vergessen könnte, andererseits aber auch viel zu unbedeutend, als dass ich mit einem

Therapeuten darüber reden müsste. Diese und andere schlimme Erinnerungen sind wie eine Ameisenkolonie – sobald die Ameisen aufgeschreckt werden, weil man wieder an sie denkt flippen sie aus und wuseln quer durch mein Gehirn. Nachdem eine peinliche Erfahrung gemacht wurde, passiert nämlich Folgendes:

Der Hippocampus in Ihrem Gehirn bereitet die Erfahrung für die langfristige Speicherung auf – das heißt, er schafft eine Erinnerung –, und dieser Prozess bestimmt, wo die Erinnerung archiviert wird. Erfahrungen, die als »implizite« Erinnerungen codiert werden (Informationen, an die wir uns unbewusst erinnern, beispielsweise wie man Schnürsenkel bindet), werden an einer bestimmten Stelle im Gehirn gelagert; Erfahrungen, die als »explizite« Erinnerungen gekennzeichnet sind (wir müssen uns erst bewusst an sie erinnern), lagern an einer anderen Stelle. Da Ihr Fauxpas mit so viel Peinlichkeit einherging, wird er als ausdrückliche, emotionale Erinnerung codiert und in der Amygdala gespeichert, einem kleinen, mandelförmigen Gebilde, in dem eine Menge explosiver Stoffe untergebracht sind: Angst, Liebe, Wut, Verlangen.

Die emotionale Komponente Ihrer peinlichen Erinnerung macht sie »klebrig« – und Untersuchungen zeigen, dass die Erinnerung umso klebriger ausfällt, je negativer sie ist. Psychologen, die das menschliche Erinnerungsvermögen erforschen, haben festgestellt, dass schmerzliche Kindheitserinnerungen sehr viel langlebiger sind als positive. Das könnte daran liegen, dass uns negative Ereignisse länger nachgehen, was sie fest in unserem Gedächtnis zementiert. Aber es könnte auch einen evolutionären Grund geben: Wer sich an Schmerz und Gefahr erinnert, wird dafür sorgen, dass er sich nicht so schnell wieder in eine derart schmerzliche und gefährliche Lage bringt – das könnte beispielsweise ein Bär im Wald sein oder ein reißender Fluss oder ein Publikum, das nicht über Ihre Witze lacht.

Darum das Zusammenzucken.

Das Zusammenzucken ist nicht das größte Problem. Das größte Problem ist, dass dieses Zusammenzucken ein angeschlagenes Selbstvertrauen symbolisiert. Und ein angeschlagenes Selbstvertrauen kann alles mögliche, absolut nicht Wünschenswerte bewirken, beispielsweise Lampenfieber vor einer Rede oder lähmende Schüchternheit, wenn man jemand Neues kennenlernt. Es sollte kein Zusammenzucken geben.

Man kann solch schmerzliche Erinnerungen zwar nur schwer wieder loswerden, aber es ist dennoch möglich.

Sie können die Erinnerung »umrüsten«.

Das ähnelt dem, was Tony Robbins »neuro-assoziatives Konditionieren« nennt. Dabei wird eine schlimme Erinnerung entschärft, indem man sie sich bewusst ins Gedächtnis ruft und dann die Details »verrührt«. Damit soll bezweckt werden, das Bild, das die Erinnerung weckt, so weit zu verkleinern, bis es nichts weiter ist als ein Film, den man sich auf einem winzigen Bildschirm anschaut.

Versuchen Sie anschließend, die Erinnerung grundlegend zu ändern, indem Sie eine andere Information an sie anheften – stellen Sie sich beispielsweise vor, wie jemand ein Hängebauchschwein durch das Bild treibt.

Das nimmt der Erinnerung den Stachel.

Forscher fanden Folgendes heraus: Wenn eine Versuchsperson bei sich emotionale Erinnerungen weckt (gute wie schlechte) und sich dabei auf die *Details* konzentriert – wie der Raum aussah, welches Wetter an dem Tag herrschte, was es am Morgen zum Frühstück gab –, fühlen sich die Emotionen weniger intensiv und lebendig an, was sich durch Hirn-Scans auch nachweisen lässt. Die Details können den schlimmen Anteil aus der Erinnerung »herausdrängen«.

Sie können die Erinnerung auch einfach in Alkohol ertränken.

Nein, können Sie nicht. Zumindest können betrunkene Mäuse es nicht, wie in diversen Experimenten nachgewiesen wurde. Meine frühen Erfahrungen beim *Esquire*, als ich fast jeden Abend in eine Kneipe ging, bestätigen das ebenso. Ich fühlte mich zwar besser, *während* ich trank, nicht aber am nächsten Tag. Und es stellte sich heraus, dass ich mich aufgrund des vielen Alkohols noch schlechter fühlte als zuvor. Alkohol hat eine negative Wirkung auf kognitive Prozesse.

Sie könnten die Erinnerungen aus Ihrem Unterbewusstsein verbannen. Sie wissen schon. Sie verdrängen.

(Jetzt reden wir Tacheles.)

Studienergebnisse zeigen auf, dass es Menschen, die aktiv versuchen, Erinnerungen an ein traumatisches Ereignis zu blockieren, schwererfällt, das Ereignis zu beschreiben, und sie sich an weniger Details erinnern. Andere Untersuchungen zeigen dagegen, dass der unbewusste Einfluss solcher Erinnerungen gedämpft wird, wenn man sie unterdrückt.

Da stehen Sie also, Auge in Auge mit Ihrer Erinnerung. Wenn Sie dabei zucken, müssen Sie gegen das, was Sie zucken lässt, ankämpfen. Es ist in Ordnung, die Erinnerung zu unterdrücken, zu verdrängen, zu neutralisieren, zu ändern oder sie so lange anzustarren, bis es ihr unangenehm wird und sie sich verzieht. Aber Sie dürfen sich ihr nicht ausliefern.

Dazu haben Sie viel zu viel zu tun.

Warum Sie immer ein Außenseiter bleiben sollten

Ich werde mich niemals so richtig wohlfühlen, wenn ich »dazugehöre«. Ich werde nie so groß wie die Großen sein. Es wird immer einen geben, der besser ist. Es wird immer eine bessere Version von mir geben. Die Arbeit, die ich abgebe, wird der Arbeit, die ich abgeben könnte, immer unterlegen sein. Das könnte mich lähmen. Aber wenn wir uns dieser Tatsache bewusst sind und ihre Kraft verstehen, dann kann Selbstzweifel auch zu einem kraftvollen Antrieb werden.

Als ich in New York anfing, glaubte ich nicht, dass ich »für den Erfolg bereit war«. Ich fühlte mich fehl am Platz.

Aber als sich die ersten, kleineren Erfolge einstellten, begann ich mich in Gegenwart der Menschen, die mich zuvor eingeschüchtert hatten, allmählich wohl zu fühlen. Ich kümmerte mich um meine Arbeit, nicht um meine Ängste. »Bereit für den Erfolg« zu sein und »nicht bereit für den Erfolg« zu sein sind zwei Seiten *desselben* Zustands. Wir sind ununterbrochen bereit und nicht bereit für den Erfolg. Denn der

Erfolg verändert sich unablässig. Was Sie als Erfolg erachten, hängt davon ab, an welchem Punkt Ihrer Karriere Sie gerade stehen. Es hängt vom Spielstand ab. Es hängt davon ab, wie gut Ihr Handschlag mit dem Typen dort drüben ausgefallen ist. Wie das Geschäftsessen lief. Wie viel Sie getrunken haben. Es hängt von dem Kollegen zwei Schreibtische weiter ab, der zu laut in sein Telefon redet und jedermann wissen lässt, was er gerade erreicht hat, was Sie wiederum, und sei es auch nur für einen Augenblick, denken lässt, dass Sie ebenfalls zu laut in den Hörer reden sollten. »Warum habe ich nichts, was ich ins Telefon brüllen kann?«, denken Sie. Entweder hören Sie auf, sich von den Erfolgen des Kollegen einschüchtern zu lassen, oder eben nicht. Es liegt ganz an Ihnen. Entweder lassen Sie sich davon umtreiben oder auch nicht. Sie haben es selbst in der Hand.

Auch wenn Sie das nicht so empfinden.

Diese fehlende Sicherheit hat ihre Vorteile.

Wenn Sie sich unzulänglich fühlen, kann Sie das zu Ihren besten Arbeiten antreiben. Sie befassen sich intensiver mit einem Problem, als Sie es tun würden, wenn Sie selbstsicherer wären. Sie bereiten sich auf eine Sitzung gewissenhafter vor als die anderen Teilnehmer. Sie strengen sich mehr an, besser zu sein.

Die Menschen, die ich am meisten bewundere, sind diejenigen, die ihre Fähigkeiten immer hinterfragen, selbst wenn sie Erfolg haben. Menschen, die nicht so tun, als sei ihr Erfolg vorprogrammiert. Menschen, die glauben, dass immer noch alles schiefgehen kann. In meinem Berufsleben habe ich die Nähe solcher Menschen immer gesucht.

Ich kann mich auf sie verlassen. Ich unterstütze sie gern bei ihren Projekten. Die Leute, die so tun, als wüssten sie alles, haben mir wenig zu bieten, weil umgekehrt ich ihnen nichts zu bieten habe. Da gibt es kein Wachstum. Man wird nichts lernen.

Wir halten Selbstzweifel für ein Manko, eine Art Mangel. Aber es muss kein Mangel sein. Wenn Sie zweifeln, haben Sie *mehr*. Sie haben das Problem *plus* Ihrem Zweifel. Sie haben mehr Brennstoff, mehr Gründe, hart zu arbeiten, mehr, was es zu beweisen gilt.

Mehr.

In meinem ersten Jahr beim *Esquire* wartete ich ständig darauf, dass man mir auf die Schliche kam. Ich war mir sicher, dass ich eine Enttäuschung für alle war. Ich war mir sicher, dass ich fehl am Platz war. Ich war mir sicher, die ganze Sache wäre ein einziger, großer Fehler. Ich wartete darauf, dass jemand zu mir sagte: »Sie sind gefeuert.«

Und dann würde dieser Jemand so richtig schön laut sagen: »Warum hat man Sie überhaupt eingestellt?«

Immer, wenn ich meinem Chef einen Artikel abgeliefert hatte, pflegte ich in den Central Park zu gehen. Sobald ich bei der E-Mail mit dem Artikel auf »senden« gedrückt hatte, sprang ich auch schon auf und verließ das Büro. Ich dachte mir, wenn er mich nicht finden kann, kann er mich auch nicht feuern.

Und weg war ich.

Ich ging immer zwei Häuserblocks nach Norden in Richtung Central Park, durch die Merchant's Gate in der südwestlichen Ecke, an der Mauer vorbei, an der ich vor meinem Bewerbungsgespräch gelehnt hatte, entlang der langen Reihe an Bänken, auf denen die Touristen saßen, den Hügel hinunter, bis zu den paar Bänken südlich der Fünfundsechzigsten Straße, auf denen nie jemand zu sitzen schien. Die Bänke waren fast wie in einem Amphitheater angeordnet und boten freien Blick auf einen Hügel und eine kleine Brücke. Kein toller Blick, aber mit viel Grün. Und man konnte in Ruhe einfach nur so dasitzen.

Da war ich also, in dem großen grünen Park, den ich vom Flugzeugfenster aus gesehen hatte. Ich war mittendrin. Ich ging bei jedem Wetter in den Park. Sonne, Regen, Schnee – ganz egal. Wichtig war nur, im Central Park zu sein und nicht im Büro. Ich wollte aus meinem eigenen Kopf herauskommen.

Aber mitten in New York zu sein, mitten im Central Park, bedeutete auch, sich mitten in einem Widerspruch zu befinden. Es war eine Oase der Ruhe, die ans Chaotische grenzte. Es war ein Fantasieland. Der Rückzugsort war ein Widerspruch in sich. Man war gleichzeitig mitten in einer Weltmetropole und doch weit von ihr entfernt.

Selbst damals entging mir diese Ironie nicht.

Im Laufe der Jahre habe ich diese Bänke immer seltener aufgesucht. Ich fühlte mich in meinem Job und in meiner Stadt immer wohler, und je selbstsicherer ich wurde, desto mehr wurde mir klar, dass man mir nicht auf die Schliche kommen würde, folglich brauchte ich auch keinen Rückzugsort mehr.

New York verlor den Reiz des Neuen. Der Central Park war keine Zuflucht mehr, sondern wurde zu einem Haufen Bäume am Ende der Seventh Avenue. Ich wies Taxifahrer an, nicht über den Times Square zu fahren. Die Fifth Avenue überquerte ich nur noch auf dem Weg zur Grand Central Station, ich schlenderte nicht mehr über sie, schon gar nicht an Feiertagen. Das Rockefeller Center war nicht länger ein Filmdrehort, sondern eine willkommene Abwechslung auf dem Weg zur Arbeit. Je länger man in New York lebt und arbeitet, desto normaler erscheint einem die Stadt. Weniger seltsam. Es verändert einen nicht mehr. Man hat nicht länger das Gefühl, in einem Film zu leben.

Wenn ich heute zu diesen Bänken gehe – vielleicht ein oder zwei Mal im Jahr –, dann nur, um mich zu erinnern, wie ich mich in meiner Anfangszeit in New York gefühlt habe. Es ist eine absichtlich herbeigeführte Nostalgie. Wenn ich heute dort sitze, dann wird mir klar, wie wichtig es ist, sich wie ein Außenseiter zu fühlen. Dadurch begreift man auch den Zusammenhang zwischen Verhalten und Erfolg. Es zwingt einen *mitzufühlen*. Es treibt einen dazu, bessere Arbeit zu leisten. Es ist pure Ironie – das ist mir heute klar –, dass gerade diejenigen, die außen stehen, gleichzeitig auch die sind, welche es innen so erfüllend und inspirierend machen.

Heute ist mir klar, dass ich von Anfang an am richtigen Platz war.

Wie man ein Buch schreibt, in dem man nichts anderes tut, als Fremden zu sagen, was sie zu tun haben

Manchmal müssen Sie einfach darauf beharren, dass Sie talentiert, ehrgeizig, klug, humorvoll und kompetent sind. Wissen Sie, niemand anders wird für Sie eintreten. Niemand. Ja klar, man mag Sie in einem positiven Licht sehen. Vielleicht kommt Ihr Name in einem konstruktiven Zusammenhang ins Spiel. Vielleicht sagt man über Sie: »Er ist ganz in Ordnung.« Aber »für Sie eintreten«? Nein, das ist allein Ihre Sache.

Ich habe gelernt, dass man beim Schreiben – ob man nun ein Feature für ein Magazin, ein humorvolles Stück, einen Essay oder das Buch, das Sie gerade lesen, schreibt – mit Autorität vorgehen muss. Geben Sie Ihr Wissen weiter, ohne sich zu entschuldigen. Drücken Sie sich klar aus, ohne um den heißen Brei zu reden. Das ist natürlich ein kühner Schritt für jemand, der sich wie ein Außenseiter fühlt. Aber so und nicht anders müssen Sie vorgehen. Ergreifen Sie Gelegenheiten. Fordern Sie Ihre Autorität ein.

Für sich selbst, für das Buch, das Sie schreiben wollen, den Job, von dem Sie denken, er läge außerhalb Ihrer Reichweite, die Gehaltserhöhung, die Sie nicht zu verdienen meinen, den Verantwortungsbereich, für den Sie sich noch nicht bereit glauben, die Beförderung, vor der Sie zurückscheuen, für die schlagfertige Erwiderung auf die dumme Idee eines Kollegen, die Sie sich bei einer Sitzung nicht zu äußern trauen.

Sie müssen für sich selbst eintreten. Sie müssen den anderen zeigen, dass Sie für all das bereit sind. Sie müssen Ihren Chef wissen lassen, was Sie wollen. Sie müssen dem Kollegen sagen, dass er völlig falschliegt. Sie müssen auf einer Versammlung kluger Leute kühn zugeben, dass Sie eine kulturelle Referenz nicht verstehen. Sie müssen denjenigen konfrontieren, der Ihre Bemühungen untergräbt. Sie müssen die Rede halten, auch wenn Sie nervös sind. Schreiben Sie das Buch, das Sie schreiben wollen. (Vielleicht schreiben Sie aber besser ein Buch zu einem gänzlich anderen Thema. Ich will nicht, dass Sie sich in meinem Terrain breitmachen. Wie wäre es mit einem Jugendbuch über Cheerleader-Mumien. Oder einem Erfahrungsbericht über das Jahr, das Sie an irgendeinem pittoresken und charmanten Ort in Südostasien zugebracht haben, um die Lebensfreude der Eingeborenen in sich aufzunehmen. Ein Buch mit dem Titel *Wo sind meine Nüsse? Was wir von Eichhörnchen lernen können*. Hören Sie, es ist mir egal, worauf Sie abfahren. Es ist ja Ihr Buch.) Die Sache ist die: Sie müssen handeln. Mit Dankbarkeit, Selbstbewusstsein, vielleicht einem winzigen Rest

Selbstzweifel, der Sie geerdet hält, und mit einem breiten Lächeln, bei dem Sie sich ein wenig dümmlich vorkommen – aber Sie müssen handeln.

Danksagungen

Ich danke Kathi Reese, meiner Tante und Mentorin, die aus irgendeinem Grund dachte, ich könnte Interesse daran haben, freiberuflich als Rechercheur für ein Magazin zu arbeiten…

Ich danke Susan Hicks und Chuck Thompson, die zu Beginn meines Berufslebens den Ehrgeiz in mir weckten, von dem ich gar nicht wusste, dass ich ihn besaß… Ich danke James Mayfield, meinem engen Freund und ehemaligen Kollegen, der bestimmte Arbeitsplatzrituale für ebenso absurd hielt wie ich… Ich danke Chris Philpot, dem Illustrator-Animator-Genie, der noch lange, nachdem wir eigentlich nie wieder miteinander arbeiten sollten, mein Kollaborateur blieb…

Ich danke Elizabeth Spiller, einer ehemaligen Professorin für Englische Literatur an der University of North Texas, die mich eines Tages vor dem Fakultätsgebäude aufhielt, um mir zu sagen, dass »Von einer Dirne an den armen Yorick: Der Tod in Oliviers *Hamlet*« ein lustiger Titel für eine Arbeit wäre…

Ich danke Amy Cosper, Carolyn Horwitz und Jenna

Schnuer vom Magazin *Entrepreneur* – sie sind die besten Redakteurinnen, die sich ein Kolumnist nur wünschen kann...

Ich danke Jenn Johnson, die die Recherchen für dieses Buch verantwortete und es dadurch besser machte, als es ohne sie gewesen wäre...

Ich danke Jessica Renheim von *Dutton*, die dieses Buch so professionell lektorierte und deren unmögliche Kombination aus Begeisterung und Abgeklärtheit absolut beruhigend auf mich wirkte...

Ich danke Daniel Greenberg von der *Levine Greenberg Rostan* Literaturagentur, der die vage formulierte E-Mail eines unbekannten Autors freundlicherweise beantwortete und mir schließlich begreiflich machte, was für eine Art von Buch ich schreiben sollte... Ich danke Tim Wojcik von *Levine Greenberg Rostan*, dessen Einstellung genau die Art von Einstellung ist, die man sich als Autor wünscht, wenn man durch New York tigert und sein Buch verschiedenen Verlagen anpreist...

Ich danke der Firma *Pilot*, die den Precise V5-Extra-Fine-Kugelschreiber herstellt, und der Firma *Paper Mate*, Produzenten des Mirado-Black-Warrior-Nummer-Zwei-Bleistifts, beides herausragende Schreibgeräte...

Ich danke den Fahrgästen im Ruhe-Abteil des Acht-Uhr-dreiunddreißig-Zuges zur Grand Central Station, die wichtige Partner bei der Erstellung dieses Buches waren, obwohl wir nie ein Wort miteinander wechselten... oder auch nur Blickkontakt herstellten...

Ich danke meinen Kollegen beim *Esquire*: Peter Griffin, Helene Rubinstein, David Curcurito, Michael Norseng, Mark Warren, Richard Dorment, Tyler Cabot, Ryan D'Agostino, Peter Martin, David Katz, John Kenney, Bob Scheffler, Kevin McDonnell, Aimee Bartol, Darhil Crooks, Pierre Stravinski, Mark Warren, Scott Raab, Tom Junod, Tom Chiarella, Chris Jones, John H. Richardson, Mike Sager, Cal Fussman, Stephen Marche, A. J. Jacobs, David Wondrich, Nick Sullivan, Wendell Brown, Michael Stefanov, Jessie Kissinger, Lisa Hintelmann und Anna Peele. Ihr seid die Besten in dem, was ihr tut, und es war mir eine Ehre, von euch zu lernen …

Ich danke Eliot Kaplan von den *Hearst Magazines*, der zufällig an jenem Tag mit *Southwest Airlines* aus Pittsburgh flog und eine Kette von Ereignissen in Gang setzte, die das Leben, welches ich heute führe, erst möglich machten …

Ich danke meinem Chef David Granger, dem stellvertretenden Chefredakteur des *Esquire*, der mir beigebracht hat, dass man großartige Dinge immer noch großartiger machen kann …

Ich danke Paula und Howie Myers, den besten Schwiegereltern der Welt, die mich beim Schreiben dieses Buches mit der denkbar größten Begeisterung und Hilfe unterstützten …

Ich danke Craig Teasley und Terry Pham, die trotz der Gesetze von Genetik und Abstammung meine Brüder sind und die mir seit frühester Kindheit entscheidende Ratschläge zum Leben und zur Arbeit zuteilwerden ließen …

Ich danke meinem Vater Dan McCammon, einem weisen und lustigen Mann, dessen unveröffentlichte Abhandlung »Ich habe da so meine Gedanken zu ...« ganz zweifellos der Vorläufer dieses Buches ist ...

Ich danke meiner Mutter Peggy Aston, die Integrität, Bescheidenheit, Einfühlsamkeit und Anmut verkörpert und immer meine Heldin sein wird ...

Ich danke meiner Frau Nina, die ihr Talent als Lektorin diesem Buch angedeihen ließ und mir erlaubte, mich monatelang jedes Wochenende abzukapseln, und die mich so viel besser aussehen lässt, als ich eigentlich aussehe ... und ich danke meinem Sohn Theo, der jeden Samstag und Sonntag ein oder zwei Mal zu genau dem richtigen Zeitpunkt das »Daddy darf nicht gestört werden«-Schild missachtete, die Tür zu meinem Büro öffnete und mich anlächelte ...

Ich danke euch allen.

Appendix eins: Eine Leseliste – Selbsthilfebücher, die keine Selbsthilfebücher sind

Obwohl ich das Buch geschrieben habe, das Sie gerade in Händen halten, habe ich nicht sehr viele Selbsthilfebücher gelesen – oder zumindest nicht viele ausdrückliche »Selbsthilfe«-Bücher. Doch zahlreiche Bücher, die mich in den letzten zehn Jahren inspirierten, *sind* Selbsthilfebücher. Sie sind leicht zu lesen. Sie motivieren. Sie enthalten Lektionen darüber, wie man seine Karriere und sein Leben steuert.

Moby Dick von Herman Melville (1851)
Wie man das Unmögliche versucht... unterbrochen von schrecklich öden Kapiteln darüber, wie man einen Walfänger bemannt... aber hauptsächlich darüber, wie man das Unmögliche versucht.

Allein: Auf einsamer Wacht im Südeis von Admiral Richard E. Byrd (1938)
Wie man Kräfte weckt, die man gar nicht zu besitzen glaubte.

The Hour: A Cocktail Manifesto von Bernard DeVoto (1948)
Wie man verantwortungsvoll trinkt. Solange das, was man trinkt, ein Martini ist.

Hell's Angels von Hunter S. Thompson (1966)
Wie man mit Leuten redet, die einen nicht wirklich in ihrer Nähe haben wollen.

Die Helden der Nation von Tom Wolfe (1979)
Wie man besser ist als der Beste, wenn man bereits der Beste ist.

Weg in die Wildnis von Larry McMurtry (1985)
Wie man ein besserer Geschäftsreisender wird.

What It Takes: The Way to the White House von Richard Ben Cramer (1992)
Wie man mit anderen konkurriert.

Das Leben und das Schreiben von Stephen King (2000)
Wie man mit Menschen kommuniziert. (Erster Schritt: Keine Adverbien.)

Die Straße von Cormac McCarthy (2006)
Wie man sie allein beschreitet.

Bossypants: Haben Männer Humor? von Tina Fey (2011)
Wie man so gut wie alles gleichzeitig erledigt.

Appendix zwei: Wie man die Namen von schottischen Whiskys richtig ausspricht

Als ich das erste Mal mit meinem Chef in New York in eine Bar ging, bestellte ich einen Dewar auf Eis, weil ich zwar gern Oban getrunken hätte, wie ich es im *San Domenico* immer tat, aber nicht wusste, wie man den Namen korrekt aussprach. Also bestellte ich einen Dewar und hoffte, wenigstens da auf der sicheren Seite zu sein.

Das ist albern. Erstens ist es kein Problem, wenn man den Namen eines Whiskys nicht korrekt ausspricht. Zweitens ist Oban ein sehr viel besserer Whisky als Dewar.

Ich weiß, es ist banal: einen Drink bestellen. Aber bei mir drückte sich die Unsicherheit auch in Bestell-Angst aus. Was sollte ich bestellen? Ist das der richtige Drink für diesen Anlass? Sollte ich das Deko-Obst essen? Wie spricht man »Bruichladdich« aus? Warum sollte man sich, wenn man Alkohol trinken möchte, unsicher fühlen? Gab es irgendwo eine Anleitung zur Aussprache der diversen Whisky-Sorten? Es gab keine! Jetzt aber schon, und das erfüllt mich in meinen zehn Jahren beim *Esquire* mit Abstand am meisten mit Stolz… also gut, möglicherweise nicht am meisten, aber es rangiert definitiv unter den obersten zehn Leistungen, auf die ich stolz bin.

Das Konzept war einfach: ein kurzes Video für www. esquire.com, in dem der hervorragende und höchst komische, schottische Schauspieler Brian Cox (*Die Bourne Verschwörung, R.E.D., Der Orchideen-Dieb* und das völlig unterschätzte *Die Superbullen*) in einem Sessel sitzt und die Namen jener schottischen Whiskys aufsagt, die am schwersten auszusprechen sind, weil es im Schottischen normalerweise vierzehn Mal mehr Konsonanten gibt als sonst. Das Video ist einfach, hilfreich und herrlich komisch. Wahrscheinlich das Beliebteste, was ich beim *Esquire* jemals erschaffen habe. Sehen Sie sich das Video an, anstatt die nachfolgende Liste zu lesen.

Falls Sie die Liste dennoch lesen wollen, folgt hier die Anleitung für die scheinbar schwer auszusprechenden Whiskys. Möglicherweise ist das für Sie von keinerlei Nutzen, aber für den angehenden Whisky-Trinker mag es sich als hilfreich erweisen. Und das ist keine kleine Sache.

AnCnoc: AN-NOK
Auchentoshan: achen-TOSH-n
Balvenie: BAL-vih-ni
Bruichladdich: BRUH-la-dich (so ungefähr)
Caol Ila: Kul-AI-la
Glenfiddich: glin-FID-ich
Jura: DSCHU-ra

Knockando: nok-AHN-du
Lagavulin: Lag-a-WUL-in
Laphroaig: la-FROIG
Oban: O-ben
Tomatin: TOH-ma-tin
Tomintoul: to-min-TAUL

Appendix drei: Regeln, die es nicht in den Appendix geschafft haben

- Wenn weniger als sechs Personen im Raum sind, schütteln Sie jedem die Hand. Wenn es mehr als sechs Personen sind, schütteln Sie fünf Leuten die Hand und nicken Sie den anderen freundlich zu.
- Sehen Sie jedem in die Augen.
- Verteilen Sie Ihre Visitenkarten nicht vor Sitzungsbeginn. Sonst wirken Sie wie ein Croupier am Black Jack Tisch.
- Nur Europäer küssen jeden auf die Wange. Gern auch zwei Mal.
- Kein Abklatschen.
- Ach, was soll's, wenn Sie jemanden abklatschen wollen, dann tun Sie's.
- Verhalten Sie sich nicht so, dass man Sie als »keck« bezeichnen könnte.
- Tänzeln Sie nicht ins Besprechungszimmer.
- Sagen Sie niemals: »Lassen Sie es uns anpacken!«
- Wenn sich Ihnen jemand vorstellt, wiederholen Sie seinen Namen oder memorieren Sie den Namen innerlich.

- Versuchen Sie, den Namen nicht zu vergessen. Wenn Sie den Namen ungefähr zwanzig oder dreißig Minuten nach dem Kennenlernen aussprechen, zeugt das von Liebenswürdigkeit und Respekt. Das wird Ihnen Pluspunkte einbringen.
- Wenn Sie eine Mail in Blindkopie versenden, sagt das mehr über Sie aus als über die Person, wegen der Sie die Blindkopie verschicken.
- Ich schlage für Ausrufungszeichen folgende neue Interpretationen vor:
  !: Das ist unglaublich aufregend.
  !!: Das ist revolutionär.
  !!!: Ich falle vor Aufregung gleich in Ohnmacht.
  !!!!: Ganz ehrlich, ich falle jetzt gleich in Ohnmacht.
  !!!!!: Leute, echt, mir geht's nicht gut. Ruft den Notarzt.
  !!!!!!: Moment, nein, es geht wieder. Aber ehrlich, das ist total aufregend.
- Wenn man einen Satz mit »und so'n Zeugs« beendet, werden dadurch Inhalt und Wirkung des Satzes zunichtegemacht.
- In aufsteigender Eindringlichkeit: E-Mail, Vier-Augen-Gespräch, handschriftlicher Brief, dicke Umarmung.
- Keine Umarmungen.
- Kein Blinzeln, das wirkt bedrohlich.
- Wenn jemand bei der Antwort auf eine Frage zur Seite schaut, kann man ihm nicht trauen.
- Sagen Sie niemals, dass Sie überfordert sind.
- Oder dass bei Ihnen »Land unter« herrscht.
- Oder gar, dass Sie »überlastet« sind.

- Oder dass Sie nicht wissen, in welche Richtung es gehen soll.
- Außer natürlich Sie wären buchstäblich Land unter, überlastet oder orientierungslos.
- Wenn Sie mit monotoner Stimme »ah ja... ah ja... ah ja« sagen, während Sie eine SMS tippen, zeugt das nicht gerade davon, dass Sie mit Hingabe bei der Sache sind.
- Wenn Sie über ein Instagram-Foto auf Ihrem Handy-Display lachen, zeugt das auch nicht gerade von Ihrer Aufmerksamkeit für die anstehende Aufgabe.
- Wenn Sie mit Ihrer Großmutter skypen, zeugt das ebenfalls nicht von Interesse für die vorliegende Aufgabe.
- Aber Sie tun das Richtige, und Ihre Großmutter freut sich.
- Ihr allgemeines Verhalten sollte irgendwo zwischen begeistert und eifrig liegen.
- Sitzen Sie aufrecht.
- Aufrechter.
- Schon gut, jetzt stehen Sie.
- Setzen Sie sich wieder und schauen Sie aufmerksam.
- Lassen Sie eine Idee niemals »gären«. Lancieren Sie sie, setzen Sie sie um, brüllen Sie sie mit einem Megafon an, bis sie finster dreinschaut.
- Gehen Sie bei Ihrer Idee von mindestens drei Gegenargumenten aus. Und bereiten Sie Antworten vor.
- Plattitüden sind bei einem Verkaufsgespräch erlaubt.
- Betrachten Sie ein gesellschaftliches Beisammensein nicht als Mission zur Informationsbeschaffung.
- Bevor Sie eine witzige Entgegnung auf Twitter tippen,

klicken Sie zuerst oben rechts unter Einstellung auf »abmelden«.

- Es gibt Energie, und es gibt ENERGIE!!!
- Energie beinhaltet Blickkontakt, Nicken, Lächeln, Reagieren und Themenwechsel, sobald die Situation festgefahren ist.
- ENERGIE!!! beinhaltet Abklatschen und Klatschen. Gelegentlich tanzt man auch auf dem Tisch im Besprechungszimmer.
- Wenn es bei einer Sitzung Häppchen gibt, dann essen Sie ein Häppchen.
- Häppchen werden unterschätzt.
- Wenn Sie feststellen wollen, ob die Person, die Sie nicht ausstehen können, Ihr Feind ist, sprechen Sie den Namen der Person laut aus.
- Wenn Sie zusammenzucken und die Fäuste ballen, dann ist die Person Ihr Feind.
- Wenn Sie zusammenzucken, die Fäuste ballen und höhnisch grinsen, dann ist die Person Ihr Erzfeind.
- Wenn Sie zusammenzucken, die Fäuste ballen, höhnisch grinsen und dabei eine weiße Katze streicheln, verhalten Sie sich wie das Verbrechergenie in einem James-Bond-Film und müssen einen Gang zurückschalten.
- Ein Wutausbruch sollte wie ein Komet sein: mit einem langen, langen Schweif.
- Auf zehn zählen hilft. Es klingt kindisch, aber es hilft.
- Auf zwanzig zählen hilft ebenfalls. Es dauert länger, aber es funktioniert.
- Auf dreißig zählen ist des Guten zu viel.

- Beim Händeschütteln sind vier Auf-und-Ab-Bewegungen ausreichend. Alles darüber hinaus erweckt den Anschein, als wollten Sie den anderen festhalten, bis die Polizei eintrifft.
- Kein Zwinkern.
- Kein Umarmen.
- Kein Umarmen beim Zwinkern.
- Kanzeln Sie Untergebene niemals im Beisein Dritter ab.
- Am besten kanzeln Sie sie überhaupt niemals ab.
- Außerdem: keine Baskenmützen.
- Keine lustigen E-Mails.
- Keine höhnischen E-Mails.
- Sie dürfen gern immer einen Tick zu gut angezogen sein.
- Wenn Sie dabei nicht nervös sind, ist es Ihre Zeit nicht wert.

Appendix vier: Wichtige Maßeinheiten und ihre Entsprechungen

acht Unzen	eine Tasse
zwei Wochen	vierzehn Tage
ein Arbeitstag	acht Stunden
ein Glas, halb voll	ein Glas, halb leer
zwei Idioten	ein Mistkerl
drei Mistkerle	ein Hurensohn
zwei Hurensöhne	ein Arschloch
!	Ist das zu glauben?
!!	Ehrlich jetzt, ist das zu glauben?
!!!	Ehrlich jetzt, ist das zu glauben? + !
zwei Sekunden Blickkontakt	ein Lächeln

zwei Unzen Grips	ein Schneid
vierzig Sekunden Smalltalk im Aufzug	Wetter und »Es ist Freitag«
sechzig Sekunden Smalltalk im Aufzug	Wetter und »Es ist Freitag« und »Ich habe Ihre E-Mail bekommen«
einhundertundzwanzig Sekunden Smalltalk im Aufzug	der Aufzug steckt fest
zwei »mit freundlichen Grüßen«	ein »mit besten Grüßen«
vier »mit besten Grüßen«	ein »mit lieben Grüßen«
ein »herzlichst«	im Grunde ein Anbaggerspruch
ein »herzlichst, Ihr«	sexuelle Belästigung am Arbeitsplatz
ein Tweet	achtzehn Mal laut aus dem Fenster schreien
vier Mal winken	ein Händeschütteln
ein Mal abklatschen	echt jetzt?
ein Mal auf den Rücken klopfen	0,0000008 Prozent Gehaltserhöhung
zwei Menschen oder Organisationen plus ähnliche Ziele	Synergie

vier Synergien	ein Notfall
ein Notfall	Bullshit
ein nach oben gerecktes Kinn	drei steifgehaltene Ohren
eine Sonnenseite des Lebens	eine schlechte Einstellung und zwei Drinks
dieses Buch	Blut + Schweiß + Tränen
Blut	Eigentlich ist es nur Ketchup. Sehen Sie? Lässt sich wegwischen.
Schweiß und Tränen	Ebenfalls keine große Sache. Nur irgendwas Kondensiertes.
ein Lächeln	ein umgedrehtes Stirnrunzeln
vier Lächeln	ein Zwinkern
ein Zwinkern	unheimlich
sieben Schmetterlinge im Bauch	ein ernster Anfall von Selbstzweifel
vier Anfälle	Sie müssen einen Arzt aufsuchen

Register

Unsere Leseempfehlung

64 Seiten

Von peinlich bis neurotisch, von kriminell bis unmoralisch – dieses Malbuch widmet sich gnadenlos ehrlich den Widrigkeiten des Alltags. Mal dir den Frust von der Seele! Über 50 witzige und schwarzhumorige Malvorlagen, Suchbilder, Worträtsel, Punkt-zu-Punkt-Bilder und Irrgärten – das kurzweilige Vergnügen für alle, die mehr Spaß wollen.

Unsere Leseempfehlung

Suzie Duncan

Mutproben fürs Büro

413 Herausforderungen für Unerschrockene

GOLDMANN

144 Seiten
Auch als E-Book
erhältlich

Jeder kennt das: tagein, tagaus derselbe Trott im Büro. Doch das muss nicht so sein! Sie können ganz leicht etwas Schwung in den Büroalltag bringen. Alles, was Sie dazu brauchen, ist dieses Buch und eine gehörige Portion Mut. Sind Sie bereit für die Herausforderung? Suzie Duncan liefert 413 schräge Einfälle, mit denen Sie garantiert auffallen und Ihren Büroalltag spielend etwas spannender gestalten können.

Unsere Leseempfehlung

Ruben Mersch

Warum wir alle Idioten sind

Typische Denkfehler und wie man sie vermeidet

GOLDMANN

352 Seiten
Auch als E-Book
erhältlich

Täglich werden wir mit Lügen und Halbwahrheiten konfrontiert, die wir nur allzu gerne glauben. Denn unser Gehirn ist bequem und geht immer dieselben Wege. Aber wir können die Scheuklappen ablegen und anfangen, klar zu denken. Das bringt uns garantiert weiter – und macht richtig Spaß! Der Biologe und Philosoph Ruben Mersch zeigt, warum wir alle Idioten sind und wie wir es schaffen, uns nicht länger für dumm verkaufen zu lassen.

Unsere Leseempfehlung

160 Seiten
Auch als E-Book
erhältlich

„Fish!™" verrät das Erfolgsgeheimnis des weltberühmten Pike Place Fischmarkts in Seattle. Die Geschichte zeigt, wie unglaublich wichtig es ist, eine positive Lebenseinstellung zu haben. Das Autorenteam gibt dem Leser vier schlichte Handlungsmaximen mit auf den Weg, die seine Arbeits- und Lebenseinstellung revolutionieren werden. Denn wer beschließt, alles, was er ohnehin tun muss, mit Freude zu tun, motiviert sich selbst und kann ein ganzes Team erfolgreich zu Spitzenleistungen bringen.